科學少年學習誌 　編著／科學少年編輯部

科學閱讀素養
理化篇 7

《科學閱讀素養理化篇：磁力砲彈發射！》
新編增訂版

遠流

4　如何閱讀本書？

6　水也「來硬的」？
撰文／高憲章

16　酷炫蛇板的奧祕
撰文／趙士瑋

24　今天「鎂」不「鎂」？
撰文／高憲章

34　在哪裡？在哪裡？隱形科技！
撰文／趙士瑋

42　鐵定很重要
撰文／高憲章

52　磁力砲彈發射！
撰文／何莉芳

64　創意滿點指南針
撰文／何莉芳

74　保麗龍印章
撰文／陳坦克

課程連結表

文章主題	文章特色	搭配108課綱（第四學習階段 —— 國中）	
		學習主題	學習內容
水也「來硬的」？	介紹如何判斷硬水和軟水，以及將硬水軟化和相關的檢測方法。	物質的反應、平衡及製造（J）：水溶液中的變化（Jb）；酸鹼反應（Jd）；有機化合物的性質、製備及反應（Jf）	Jb-Ⅳ-3 不同的離子在水溶液中可發生沉澱反應、酸鹼中和反應和氧化還原反應。 Jd-Ⅳ-6 實驗認識酸與鹼中和生成鹽和水，並可放出熱量而使溫度變化。 Jf-Ⅳ-3 酯化與皂化反應。
酷炫蛇板的奧祕	介紹酷炫蛇板的構造，並解說這樣的外型與蛇板運動機制的關係。	能量的形式、轉換及流動（B）：能量的形式與轉換（Ba）	Ba-Ⅳ-1 能量有不同形式，例如：動能、熱能、光能、電能、化學能等，而且彼此之間可以轉換。孤立系統的總能量會維持定值。 Ba-Ⅳ-7 物體的動能與位能之和稱為力學能，動能與位能可以互換。
		物質系統（E）：力與運動（Eb）	Eb-Ⅳ-10 物體不受力時，會保持原有的運動狀態。 Eb-Ⅳ-11 物體做加速度運動時，必受力。以相同的力量作用相同的時間，則質量愈小的物體其受力後造成的速度改變愈大。
今天「鎂」不「鎂」？	鎂的活性高，能用來製作仙女棒和煙火。除此之外，也介紹生活中各種有關鎂的實例，說明鎂與生活息息相關。	物質的反應、平衡及製造（J）：氧化與還原反應（Jc）；酸鹼反應（Jd）	Jc-Ⅳ-2 物質燃燒實驗認識氧化。 Jc-Ⅳ-3 不同金屬元素燃燒實驗認識元素對氧氣的活性。 Jd-Ⅳ-5 酸、鹼、鹽類在日常生活中的應用與危險性。
在哪裡？在哪裡？隱形科技！	隱形技術有朝一日能在現實中實現嗎？文中從科學角度與光學原理，探究隱形的奧妙。	自然界的現象與交互作用（K）：波動、光及聲音（Ka）	Ka-Ⅳ-8 透過實驗探討光的反射與折射規律。
鐵定很重要	介紹人類文明里程碑——鐵，包括鐵的冶煉祕密、鐵鏽與相關實驗，及人體內與鐵相關的重要生化機制。	物質的反應、平衡及製造（J）：氧化與還原反應（Jc）	Jc-Ⅳ-4 生活中常見的氧化還原反應及應用。
		生物體的構造與功能（D）：動植物體的構造與功能（Db）	Db-Ⅳ-2 動物（以人體為例）的循環系統能將體內的物質運輸至各細胞處，進行物質交換。並經由心跳，心音與脈搏的探測了解循環系統的運作情形。
磁力砲彈發射！	透過簡易的磁鐵與鋼珠實驗，了解磁力砲彈的原理，以及如何透過實驗中的變因，讓發射出的鋼珠速度更快，另外還補充了牛頓擺的相關原理。	能量的形式、轉換及流動（B）：能量的形式與轉換（Ba）	Ba-Ⅳ-1 能量有不同形式，例如：動能、熱能、光能、電能、化學能等，而且彼此之間可以轉換。孤立系統的總能量會維持定值。 Ba-Ⅳ-5 力可以作功，作功可以改變物體的能量。 Ba-Ⅳ-7 物體的動能與位能之和稱為力學能，動能與位能可以互換。
		物質系統（E）：力與運動（Eb）	Eb-Ⅳ-10 物體不受力時，會保持原有的運動狀態。 Eb-Ⅳ-11 物體做加速度運動時，必受力。以相同的力量作用相同的時間，則質量愈小的物體其受力後造成的速度改變愈大。
創意滿點指南針	藉由製作簡易指南針，從中了解指南針總是指往相同方向的原因，並補充介紹地球磁場，及更多辨認方位的方式。	交互作用（INe）*	INe-Ⅲ-9 地球有磁場，會使指北針指向固定方向。
		自然界的現象與交互作用（K）：電磁現象（Kc）	Kc-Ⅳ-4 電流會產生磁場，其方向分布可以由安培右手定則求得。
		生物與環境（L）：生物與環境的交互作用（Lb）	Lb-Ⅳ-1 生態系中的非生物因子會影響生物的分布與生存，環境調查時常需檢測非生物因子的變化。
保麗龍印章	藉由製作保麗龍印章的活動，了解保麗龍如何生成，具有何種特性，以及實驗中能夠溶解它的祕密。	物質的組成與特性（A）：物質組成與元素的週期性（Aa）；物質的形態、性質及分類（Ab）	Aa-Ⅳ-5 元素與化合物有特定的化學符號表示法。 Ab-Ⅳ-2 溫度會影響物質的狀態。
		物質的結構與功能（C）：物質的結構與功能（Cb）	Cb-Ⅳ-3 分子式相同會因原子排列方式不同而形成不同的物質。

*為國小課綱

如何
閱讀本書

每一本《科學少年學習誌》的內容都含括兩大部分，一是選自《科學少年》雜誌的篇章，專為 9～14 歲讀者寫作，也很合適一般大眾閱讀，是自主學習的優良入門書；二是邀請第一線自然科教師設計的「學習單」，讓篇章內容與課程學習連結，並附上符合 108 課綱出題精神的測驗，引導學生進行思考，也方便教師授課使用。

108 課綱「課程連結表」

逐篇標示對應的學習主題、內容與文章特色。讀者可依學校進度閱讀並練習，補充相關的課外知識。

科學少年
科學閱讀素養 理化篇 7　目錄

4　如何閱讀本書？

6　水也「來硬的」？
　廣文／高憲章

16　酷炫蛇板的奧祕
　廣文／趙士瑋

今天「鈧」不「鎂」？
　廣文／高憲章

在哪裡？在哪裡？隱形科技！
　廣文／趙士瑋

鐵定很重要
　廣文／高憲章

磁力砲彈發射！
　廣文／何莉芳

創意滿點指南針
　廣文／何莉芳

保溫龍印章
　廣文／簡炤文

隨選隨讀！

每一本《科學閱讀素養》內都有多篇文章，每篇各自獨立，不需按順序閱讀。讀者可依個人情況規劃合適的進度，也可憑喜好或學習歷程挑選文章閱讀，從平日開始培養科學素養。

主文為先

每一篇文章視主題大小寫作，或長或短。文章多由讀者有感的經驗或角度切入，並搭配大幅照片或圖片，讓讀者更容易進入。

獨立文字塊

提供更深入的內容，形式不一，可進一步探索主題。

說明圖

較難或複雜的內容，會佐以插圖做進一步說明。

學習評量

每篇文章最後附上專屬學習單，作為閱讀理解的評估，並延伸讀者的思考與學習。

主題導覽

以短文重述文章內容精華，協助抓取學習重點。

挑戰閱讀王

符合 108 課綱出題精神的題組練習測驗。

關鍵字短文

讀懂文章後，從中挑選重要名詞並以短文串連，練習尋找重點與自主表達的能力。

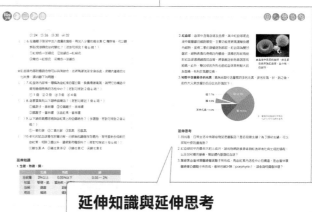

延伸知識與延伸思考

文章內容的延伸與補充，開放式題目提供讀者進行相關概念及議題的思考與研究。

水也來硬的？

水不就是水嗎？怎麼還分軟的硬的？
沒錯，溶在水中的鈣、鎂離子，
讓水從「軟的」變成了「硬的」。
你知道家裡的水是軟水還是硬水？
硬水又該如何「軟化」呢？

撰文／高憲章

軟水裡的鈣離子和鎂離子濃度低。

硬水裡含有許多鈣離子和鎂離子。

自來水看似純淨透明，但其實含有許多看不見的雜質、微生物、金屬等等。這是因為自來水主要來自天上落下的雨水，這些水流經土壤、岩石、山岳、泥地之後，慢慢匯集成河川、海洋或地下水，並成為人類使用的水資源。水在大地上流動的過程中，會將一些物質溶解並帶著走，其中以鹽類為最大宗。這些鹽類進入水中後，經常分解成陰離子和陽離子，並且均勻分散。

水中的各種陽離子，以鈣和鎂這兩種金屬離子占最大多數，它們在水裡的量若不多，我們可能感覺不出特別的差異。但水中若溶有大量的鈣、鎂離子，放在水壺裡煮乾時，水壺邊會出現一圈又一圈的水垢，這種溶有大量鈣、鎂離子的水，就稱為「硬水」。

用「硬水」與「軟水」來描述水的性質，並不是因為水的質地比較柔軟或比較堅硬，而是依據水中礦物質含量的多寡，來區分水的硬度，特別是針對鈣離子和鎂離子這兩種金屬陽離子的濃度。

水比較硬會怎樣？

水的軟硬並無法真的嚐出來。人類的舌頭敏感度有限，再加上每個人的口感喜好不盡相同，無法透過「水好不好喝」或「順不順口」來區分水質的硬度。既然如此，該怎麼分辨硬水與軟水呢？

利用肥皂泡泡是最簡單的分辨方法。肥皂由小小的肥皂分子組成，這種分子的一端含有碳、氫鏈，容易和油類連結，稱為「親

油端」，另一端則是離子團，傾向和水連結，稱為「親水端」。遇到油汙時，肥皂分子的親油端會和油汙連在一起，而親水端會露在油汙之外。當水流過時，親水端跟水相連，於是整個分子被水帶著走，順便將連在親油端上的油汙一起帶走。

然而當水中有一堆鈣、鎂離子時，肥皂分子親水端的離子團碰到金屬離子後，會結合成一堆無法溶在水裡的渣渣並且沉澱，因此無法清除汙垢。

試著把肥皂水加到水中，用力的搖晃混合一下，然後觀察肥皂泡泡的多寡，就可以分辨出水為硬水或軟水。如果是軟水，會產生很多肥皂泡泡；如果是硬水，肥皂泡泡會明顯比軟水的少很多。這也是古代婦女總在河

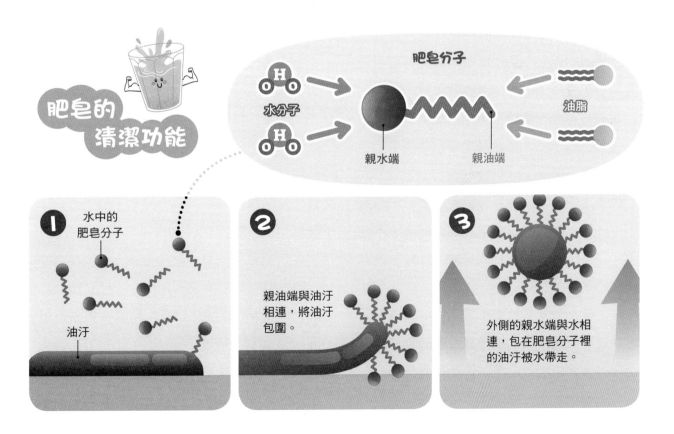

肥皂的清潔功能

肥皂分子

水分子　親水端　親油端　油脂

1. 水中的肥皂分子　油汙

2. 親油端與油汙相連，將油汙包圍。

3. 外側的親水端與水相連，包在肥皂分子裡的油汙被水帶走。

繪圖：Uncle Alvin．圖片來源：Shutterstock

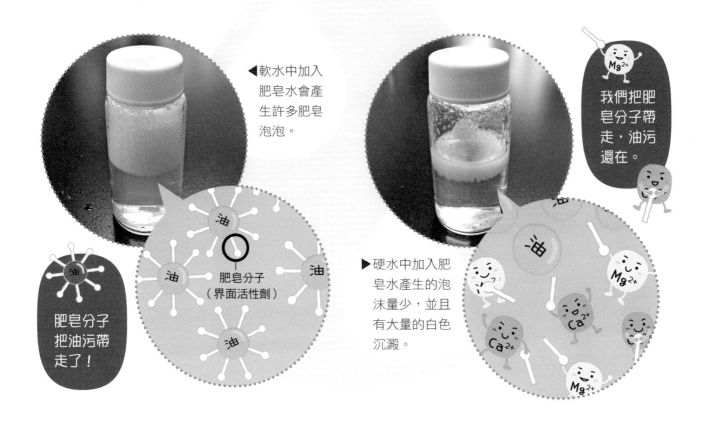

軟水中加入肥皂水會產生許多肥皂泡泡。

肥皂分子把油污帶走了！

肥皂分子（界面活性劑）

我們把肥皂分子帶走，油污還在。

硬水中加入肥皂水產生的泡沫量少，並且有大量的白色沉澱。

邊洗衣，而不在海邊洗衣的原因之一，除了海水是鹹的以外，海水裡所溶解的各種金屬鹽類，都會降低肥皂的清洗效果。

從肥皂泡泡的實驗檢測，到硬水煮乾時在壺邊留下的水垢，不難發現硬水在使用上會碰到許多限制。

在生活中，硬水除了口感比較澀，洗滌效果也較差，讓人老是覺得鍋碗瓢盆清洗不乾淨，且盛水的容器和水路管線也比較容易沉積水垢。

在工業上，要是管線或是加熱的鍋爐中經常產生堅硬的水垢，爐子在加熱時容易受熱不均，管線也容易阻塞，這些都會提高發生危險的機率。

捕捉陽離子

硬水該怎麼處理，好讓它「軟化」？有沒有東西可以捕捉水中的金屬離子？想像一下，如果能夠有一種夾子，上頭帶著負電，就能利用正負電之間的吸引力，把帶正電的金屬離子夾住。化學家把這種現象稱為「螯合」，而專門用來夾住金屬離子的工具分子稱為「螯合劑」。同一個分子上的夾子愈多，捕捉金屬離子的能力就愈強。

有一種很常用的螯合劑叫做「乙二胺四乙酸」，簡稱 EDTA。EDTA 的結構如右頁下圖，從結構上來看，可以發現 EDTA 最大的特色，是從左右兩邊氮原子（N）上分支出來的四支大夾子，夾子上有好幾個氧原子

攝影：郭雅欣　繪圖：Uncle Alvin

（O）。這四支夾子都具有螯合金屬陽離子的能力，最厲害的是，連接這四支夾子的兩個氮原子，也能吸引金屬離子！因此化學家們稱呼 EDTA 是一個具有「六牙基」的螯合物，這六個宛如夾子的部位碰到金屬離子時，就像螃蟹的大螯一樣，可以緊緊的把金屬離子夾在中間，讓它們不再亂跑。

既然有這麼強的工具，就可以把硬水裡的鈣離子跟鎂離子全部捕捉起來，而且只要知道總共使用了多少 EDTA，就可以換算出水中的鈣、鎂離子有多少。只是問題來了，鈣、鎂離子和 EDTA，都是肉眼看不到的分子，要怎麼知道 EDTA 已經把鈣、鎂離子抓完了呢？

看我指示就知道！

如果有一種工具可以顯示水中已經沒有離子，就能得到答案，如果這種工具還能變換顏色，答案會更加明確！化學家稱這種在特定條件之下會變色的分子為「指示劑」，而用來與 EDTA 搭配的，便是「EBT 指示劑」（Eriochrome Black T）。EBT 的分子結構如下方右圖，可看到它的外圍有好幾個氧原子，雖然整體形狀不太像夾子，但可推論 EBT 指示劑也會抓金屬離子，只是螯合力不如 EDTA 那麼強大。

EBT 分子的結構最引人注目的部分，是幾個六角型像蜂巢一樣的結構，它們之間由兩個氮原子相連，整個區域是顯示顏色變化的地方，也叫「發色團」。當 EBT 指示劑與金屬陽離子結合在一起時，會顯現紅色；否則為藍色（見下頁）。

當一杯水中含有鈣、鎂離子時，如果先加一些 EBT 指示劑，再一點一點滴入 EDTA 螯合劑，會發生什麼事？

一開始，EDTA 只有一點點，比鈣、鎂離子少，因此抓不完所有的鈣、鎂離子，而成為漏網之魚的金屬陽離子，會和 EBT 指示

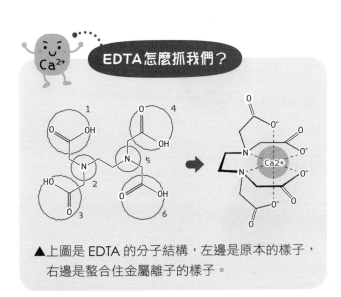

▲上圖是 EDTA 的分子結構，左邊是原本的樣子，右邊是螯合住金屬離子的樣子。

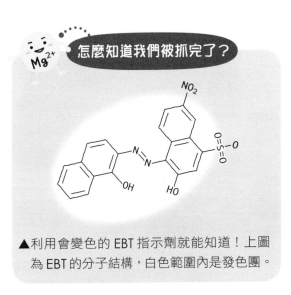

▲利用會變色的 EBT 指示劑就能知道！上圖為 EBT 的分子結構，白色範圍內是發色團。

劑結合並表現出紅色。但當 EDTA 一點一滴增加，把水中的鈣、鎂離子抓光，這一瞬間 EBT 再也找不到沒有被 EDTA 螯合的陽離子，就會變成藍色。而這一瞬間，也正是 EDTA 螯合劑剛剛好把鈣、鎂離子捕捉完畢的一刻！整個過程彷彿是指示劑和螯合劑在搶奪離子，而指示劑最終總是搶輸，還會改變顏色來告訴大家：我輸了！

在 EBT 的顏色剛剛好變成藍色的一瞬間，我們可以根據加入的 EDTA 量，透過濃度換算，得出水中到底有多少鈣、鎂離子，並以「每公升水含有多少毫克」（ppm）來表示，這種實驗叫做水質硬度滴定實驗。水的硬度一般分為四個等級，0～60ppm 為軟水，60～120ppm 為稍硬水或中度軟水，120～180ppm 為硬水，181ppm 以上就是極硬水了。

可以讓水軟一點嗎？

除了可利用螯合劑把水中的金屬離子抓走之外，還有許多方法可以去除水中的鈣、鎂離子，達到降低硬度，也就是軟化硬水的效果。最常見的原理是利用「離子交換」，把鈣、鎂離子換成別的金屬離子，其中常見的

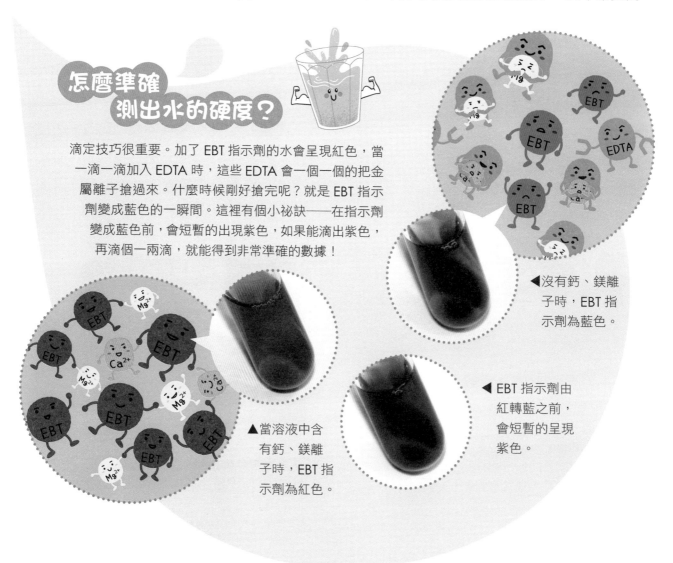

怎麼準確測出水的硬度？

滴定技巧很重要。加了 EBT 指示劑的水會呈現紅色，當一滴一滴加入 EDTA 時，這些 EDTA 會一個一個的把金屬離子搶過來。什麼時候剛好搶完呢？就是 EBT 指示劑變成藍色的一瞬間。這裡有個小祕訣──在指示劑變成藍色前，會短暫的出現紫色，如果能滴出紫色，再滴個一兩滴，就能得到非常準確的數據！

◀沒有鈣、鎂離子時，EBT 指示劑為藍色。

◀EBT 指示劑由紅轉藍之前，會短暫的呈現紫色。

▲當溶液中含有鈣、鎂離子時，EBT 指示劑為紅色。

圖片來源：高憲章、Shutterstock‧繪圖‧Uncle Alvin

方法是加入碳酸鈉（Na_2CO_3）。碳酸鈉會溶解在水中，形成鈉離子和碳酸根離子，碳酸根離子容易與各種金屬離子形成鹽類——與鈣離子形成碳酸鈣、與鎂離子形成碳酸鎂。碳酸鈣和碳酸鎂這兩種鹽類不溶於水，會形成白色物質沉澱在水底，只要把這些沉澱物除掉，水就能軟化！

不過，每次軟化水都要等待沉澱物出現，再進行過濾，實在有點麻煩。因此科學家設計了一種陰離子團，這些陰離子團本來是跟鈉離子在一起，但更喜歡和鈣、鎂離子結合。科學家利用聚合物把大量的陰離子團綁在一起，當硬水流過這些陰離子團時，鈉離子會被交換出來，鈣、鎂離子則被留在聚合物上，硬水就被軟化

我們是鈉離子和碳酸根離子，能把硬水變軟喔！

了！這種含有許多離子團的聚合物就是「離子交換樹脂」，是降低水中硬度最有效率的一種方法，在飲水機、淨水器的濾心中都找得到它的蹤跡。但當鈉離子交換完畢，交換樹脂就沒有東西可以再交換，因此濾心必須定期更換，才能保持離子交換樹脂的正常功能。

既然可以測量水中的硬度，也有工具可以把硬水軟化，是不是應該盡可能把離子都除去，最好飲用完全不含離子的純水呢？其實人體的各種生理運作需要不同的礦物質輔助，鈣、鎂以及其他許多金屬離子，在人體內各有各的功用，在日常飲食中不可缺少、也很常見，所以硬水並非完全不好，我們也別陷入非喝純水不可的迷思！

鎂鈣有必要！

鈣離子在人體中的含量約占體重的 1.5～2%，是生物生存必要的金屬陽離子，主要分布在骨骼和牙齒中，也有一些分布在體液和器官裡。鈣離子會參與人體內的各種生理機制，例如觸發肌肉收縮和調節心跳等。
鎂離子在人體內雖只是第四多的金屬陽離子，卻是許多生理反應的催化劑，協助超過 300 種酵素進行反應，其中最重要的是讓 DNA 維持正常功能。鎂離子還負責協調人體內鈣離子的濃度恆定。

作者簡介

高憲章　淡江大學理學院科學教育中心執行長，同時負責化學下鄉活動，跟著行動化學車全臺跑透透，經由各種化學實驗與全臺各地的國中生分享化學的趣味與驚奇。個子很高，是名符其實的「高博士」。

水也「來硬的」？

國中理化教師　黃冠英

主題導覽

　　喝水時，是否曾注意到有時口感較為苦澀？水看似純淨透明，但其實內部含有許多物質，例如礦物質。根據水中礦物質的含量多寡，可區分水的硬度大小。當水的硬度大，除了口感澀，也會導致鍋具和容器容易累積水垢，不易清理。

　　〈水也「來硬的」？〉介紹了硬水、軟水的區別，以及如何用肥皂泡泡來做簡易檢測，另外也介紹利用 EDTA 進行化學滴定，並加入 EBT 指示劑，藉以計算水中鈣、鎂離子的濃度。

　　閱讀完文章後，可透過「挑戰閱讀王」檢視你對文章內檢測硬水的方式是否已了解；「延伸知識」中補充了離子交換樹脂的原理，可幫助你更加了解飲水機的濾心如何運作。

關鍵字短文

　　〈水也「來硬的」？〉文章中提到許多重要的字詞，試著列出幾個你認為最重要的關鍵字，並以一小段文字，將這些關鍵字全部串連起來。例如：

關鍵字：1. 離子　2. 離子交換樹脂　3. 硬水　4. 軟水　5. 肥皂

短文：下雨後，雨水落到地表，將岩石、土壤裡的一些鹽類溶解在其中，帶著一起流動，當水中溶有大量鈣、鎂離子時，稱為硬水。利用肥皂可分辨軟、硬水，硬水中的肥皂泡泡比軟水中的少。此外，若要將硬水軟化，生活中最常用的就是飲水機濾心中的離子交換樹脂，但濾心有使用壽命，需要定期更換。

關鍵字：1.＿＿＿＿＿ 2.＿＿＿＿＿ 3.＿＿＿＿＿ 4.＿＿＿＿＿ 5.＿＿＿＿＿

短文：＿＿＿＿＿＿＿＿＿＿＿＿＿＿＿＿＿＿＿＿＿＿＿＿＿＿＿＿＿

＿＿＿＿＿＿＿＿＿＿＿＿＿＿＿＿＿＿＿＿＿＿＿＿＿＿＿＿＿＿＿＿

＿＿＿＿＿＿＿＿＿＿＿＿＿＿＿＿＿＿＿＿＿＿＿＿＿＿＿＿＿＿＿＿

挑戰閱讀王

閱讀完〈水也「來硬的」？〉後，請你一起來挑戰以下題組。

答對就能得到👍，奪得 10 個以上，閱讀王就是你！加油！

☆日常生活中的飲用水，看起來顏色相同，但有時喝起來口感卻不一樣，主要是因為水中礦物質含量多寡不同，因此分為硬水與軟水。

（　）1.硬水與軟水的成分區別，主要是針對溶解在水中的哪兩種金屬陽離子？（多選題，答對可得到 2 個👍哦！）

①鈣離子　②鈉離子　③鎂離子　④鉀離子

（　）2.肥皂是一種界面活性劑，可用來洗淨髒汙，但在某一種水質中，會導致泡泡減少而降低清潔效果。請問此種水質為何者？（答對可得到 1 個👍哦！）

①硬水　②軟水

（　）3.承上題，泡泡之所以會減少，主要是因為肥皂分子的哪一端與水中的金屬陽離子結合，而產生沉澱現象？（答對可得到 1 個👍哦！）

①離子團端　②碳氫長鏈端

（　）4.承上題，此端應為親油性或親水性？（答對可得到 1 個👍哦！）

①親油性　②親水性

☆除了可用肥皂簡易分辨硬水與軟水外，也可以利用 EDTA 滴定法，來檢測水質的硬度大小。試回答下列問題：

（　）5.滴定時，首先須將待檢測的水放置於錐形瓶中，EDTA 放置於滴定管中。此時 EBT 指示劑須滴入哪一個容器中？（答對可得到 1 個👍哦！）

①滴定管　②錐形瓶

（　）6.若是在水中加入 EBT 後呈現藍色，代表水應為硬水或軟水？（答對可得到 1 個👍哦！）

①硬水　②軟水

（　）7.承第 5 題，若待檢測的水容易使容器有水垢，開始用 EDTA 滴定至剛好反應完，此時水中顏色變化應為下列何者？（答對可得到 1 個👍哦！）

①藍色不變　②紅色不變　③藍色變成紅色　④紅色變成藍色

（　　）8.若滴定完成時，進一步計算出水中的金屬離子含量約為 150ppm，請問此
待測液應為硬水還是軟水？（答對可得到 1 個👍哦！）

①硬水　②軟水

☆當日常生活中的水為硬水時，容易使容器產生水垢，水煮沸後喝起來的口感也比
較澀。因此需要降低硬度，進行硬水軟化。

（　　）9.硬水代表水中有較多的鈣、鎂離子，請問下列哪些方式可降低水的硬度？
（多選題，答對可得到 2 個👍哦！）

①加入碳酸鈉　②利用陰離子團來吸附　③利用陽離子團來吸附

（　　）10.飲水機中的濾心需定期更換以維持正常功能。若你所在地區的水硬度偏高，
會使飲水機的濾心更換次數有何變化？（答對可得到 1 個👍哦！）

①多　②少

延伸知識

1.**臺灣的水質硬度**：水質硬度一般分為四個等級，0 ～ 60ppm 為軟水，60 ～
120ppm 為稍硬水或中度軟水，120 ～ 180ppm 為硬水，181ppm 以上就是
極硬水。適合人體飲用的水質硬度大約介於 50 ～ 150ppm。

根據臺灣自來水公司公開的用戶水質資訊，北部水質硬度較低，尤其是新北市、
基隆，大多屬於軟水；愈往南，水質硬度有增高的趨勢，桃園為稍硬水或中度軟水，
新竹以南已多為硬水，許多地區水質硬度大於 120ppm；高雄及彰化更有不少地
區的水質，硬度超過 200ppm，屬於極硬水！東部宜蘭水質多為稍硬水或中度軟
水，花蓮及臺東則視區域而定。

2.**離子交換樹脂**：最常見的離子交換樹脂材質是苯乙烯及二乙烯苯聚合物，是由苯
乙烯（styrene）和二乙烯苯（divinylbenzene）聚合產生的立體網狀結構。利
用這種高分子化合物，可與水中的離子進行交換。除了可交換鈣、鎂等金屬陽離
子──稱為陽離子交換樹脂，有的則是可交換陰離子，稱為陰離子交換樹脂。利
用陰陽離子的交換，可將水純化，改善水質。

延伸思考

1. 大量的鈣、鎂離子溶在水中會形成硬水，容易產生水垢，造成生活上的不便。但鈣、鎂離子在人體中都是非常重要的離子，請查看看：這兩種離子對人體有什麼重要性？可從哪些食物中補充？

2. 請觀察家裡常用來裝水的鍋具或水壺，是否觀察到水垢？請試著利用肥皂產生的泡泡多寡，來檢測這些容器內的水（如自來水、飲用水、礦泉水……等）屬於硬水或軟水？

3. 家裡或學校內若有飲水機，請查詢一下機內降低水質硬度的物質或方式為何？並進一步詢問濾心約多久需更換一次？

酷炫蛇板的奧祕

蛇板雖然長得很像滑板，但是前進原理大不相同！
要讓蛇板前進，不用推也不用拉，
只要站在上面，擺動雙腳就可以了！
背後的科學原理是什麼？
讓我們一探究竟！

撰文／趙士瑋

玩過滑板的人都知道，想要讓滑板加速前進，得騰出一隻腳到地面蹬個幾下做為動力，但是近年蔚為風潮的蛇板，竟然只要站在上面晃動雙腳，就可以保持前進，還可以變換方向！這背後的祕密，隱藏在蛇板特殊的結構裡，讓我們一起探究吧！

蛇板由前後兩片踏板組成，踏板之間由一條「扭力桿」連接。當兩片踏板以扭力桿為轉軸旋轉時，扭力桿可將踏板「拉」回水平狀態，幫助站在蛇板上的人維持平衡。

蛇板只有兩個輪子，前後板下面各一個。不過，這兩個輪子可是大有玄機！仔細觀察，你會發現蛇板的輪子並未鎖死在蛇板背面，可以自由轉動，最重要的是，轉動的平面和踏板竟然不是完全平行！這個傾斜的設計有什麼好處？其實與蛇板前進的原理息息相關！

蛇板怎麼玩？簡單來說，首先雙腳分別站上前後兩板，讓肩膀與扭力桿平行。接著，在後板的腳踩著踏板來回擺動，在前板的腳則順勢移動並維持平衡，蛇板就會往側向前進了！蛇板行進的軌跡是弧線，這種「蛇行」的前進方式正是它的名稱由來。

攝影：嚴文鑠

蛇板、滑板大不同

	滑板	蛇板
踏板構造	一片板子	前後板以扭力桿連接
輪子數目	4	2
輪子傾斜設計	無	有
前進方式	蹬地後滑行前進	腳前後擺動前進

蛇板「長高」了？

蛇板輪子的轉動面與踏板之間夾了一個角度（右圖），這是它能藉由雙腳擺動來推進的最大關鍵。這樣的夾角設計使得輪子在左右偏轉時，巧妙的增加了踏板高度。當輪子平行蛇板的中心軸時，踏板的高度最低，也就是最靠近地面，但當有人站上蛇板，出力將踏板往左右方向壓，輪子會自然偏離中心軸，此時踏板不但會傾斜，還會被偏轉的輪子「墊高」。換句話說，站在蛇板上擺動雙腳時，蛇板將不斷重複由低而高、再由高至低的變化。

先來思考另一個例子：當蘋果從高處掉落會發生什麼現象呢？答案是它的速度會愈來愈快。在這個過程中，蘋果上的兩種能量之間發生轉換──「位能」變成了「動能」。一個物體的位能多寡是根據它的高度決定，高度愈高，具有的位能愈大。動能則和速度有關，動能愈大速度愈快。蘋果往下掉的過程中，高度逐漸降低，位能逐漸減少。減少的位能會轉換成動能，因此動能逐漸增加，速度愈來愈快。

但是，為什麼減少的位能一定會變成動能，而不是憑空消失？原來，蘋果掉落時，動能和位能的總和必須維持一個定值，所以位能減少，動能一定得增加，這個現象稱為「力學能守恆」。

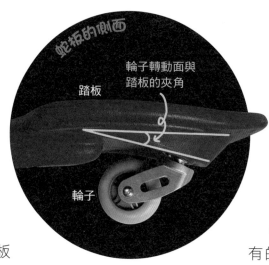

蛇板的側面

輪子轉動面與踏板的夾角

踏板

輪子

攝影、繪圖：黃榆儒

蛇板動能哪裡來？

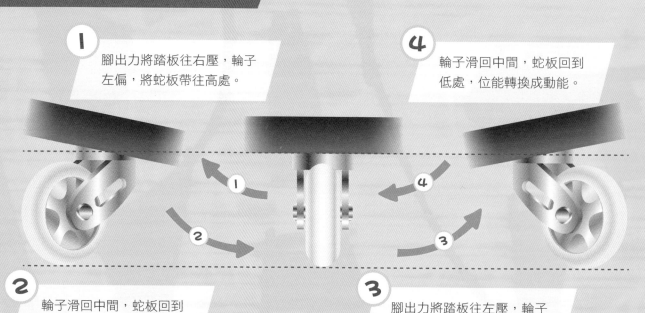

1 腳出力將踏板往右壓，輪子左偏，將蛇板帶往高處。

4 輪子滑回中間，蛇板回到低處，位能轉換成動能。

2 輪子滑回中間，蛇板回到低處，位能轉換成動能。

3 腳出力將踏板往左壓，輪子右偏，將蛇板帶往高處。

同樣的現象也發生在蛇板上。當蛇板的輪子從偏離中心軸回到平行中心軸的狀態，蛇板的高度會降低，這時和蘋果的例子一樣，位能釋放出來，轉變成蛇板前進的動能。

雙腳擺動能使蛇板前進的詳細過程如下：腳先出力讓輪子偏離中心軸，將蛇板帶到高處（等於出力將蘋果抬到高處，此時位能增加），接著讓蛇板降回低處，也就是讓輪子與中心軸平行，這時位能會轉換成動能（見左頁圖解「蛇板動能哪裡來？」）。重複相同的動作，蛇板就能持續前進。

S形前進的祕密

雖然我們已經知道蛇板前進的動力來源，但為什麼蛇板行進的路線是「S」形，而不是直線？當蛇板前後兩輪都平行中心軸時，蛇板只能直線前進或後退，不過一旦人站到蛇板上，前後腳往相反的方向出力，整個蛇板會開始偏轉。這時輪子並非指向正前方，而是一個指向左前方、另一個指向右前方！輪子所指的方向便是它接下來要前進的方向，因此蛇板會劃出弧形的軌跡，並且斜向前進。

如果覺得該轉彎了，只要將雙腳出力的方向反過來，讓蛇板和輪子往另一邊偏轉，前進方向自然會改變。但無論如何，蛇板走的一定是弧線，正因為如此，它才可以在地面上畫出帥氣的「S」形曲線。

看起來簡單的蛇板，其實也有一番學問，了解之後，玩起蛇板來會更有樂趣！

作者簡介-------------------------------

趙士瑋　目前任職專刊律師事務所，與科技相關的法律問題作伴。喜歡和身邊的人一起體驗科學與美食的驚奇。

攝影：嚴文鑠　繪圖：黃榆儒

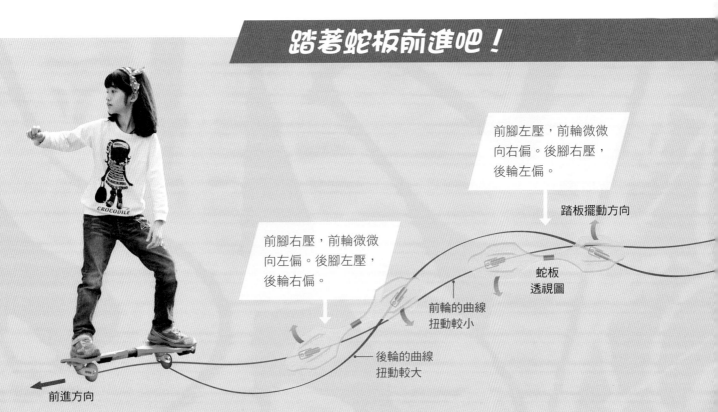

踏著蛇板前進吧！

前腳左壓，前輪微微向右偏。後腳右壓，後輪左偏。

踏板擺動方向

前腳右壓，前輪微微向左偏。後腳左壓，後輪右偏。

蛇板透視圖

前輪的曲線扭動較小

後輪的曲線扭動較大

前進方向

酷炫蛇板的奧祕

國中理化教師　李冠潔

主題導覽

　　走在路上常可看到許多人帥氣的滑蛇板，像在駕風而行，也彷彿在享受衝浪般的自由快感。這種靠身體扭動前進，不需用腳推滑，就可做出各種花式動作的蛇板，所具有構造及前進的方法，似乎與滑板不一樣！人一旦站到蛇板上，前後腳往相反方向出力，整個蛇板就會開始偏轉，這是為什麼？又為什麼只要將雙腳踩在前板和後板上，靠腳或

身體扭動，就可輕鬆前進？這和動能、位能間的能量轉換有什麼關聯？為什麼蛇板會走S形，而不是直線呢？

　　〈酷炫蛇板的奧祕〉介紹蛇板前進的構造及原理，閱讀完文章後可透過「挑戰閱讀王」檢視你的理解程度；「延伸知識」中補充了動能與位能的轉換，可幫助你更加了解蛇板的運作。

關鍵字短文

　　〈酷炫蛇板的奧祕〉文章中提到許多重要的字詞，試著列出幾個你認為最重要的關鍵字，並以一小段文字，將這些關鍵字全部串連起來。例如：

關鍵字：1. 扭力桿　2. 動能　3. 位能　4. 力學能守恆　5. S形曲線

短文：利用雙腳扭動蛇板移動的過程中，會使輪子偏轉，造成腳踏板升高，增加位能。蛇板的扭力桿具有回正的力量，使蛇板重心位置下降，位能減少，並轉換成動能，促使蛇板向前移動，這種動位能互相轉換的現象稱為「力學能守恆」。另外，如果想要轉彎，只要將雙腳出力的方向反過來，讓蛇板和輪子往另一邊偏轉，前進方向自然就會改變。正因為如此，蛇板才可以畫出帥氣的「S形曲線」！

關鍵字：1.＿＿＿＿＿　2.＿＿＿＿＿　3.＿＿＿＿＿　4.＿＿＿＿＿　5.＿＿＿＿＿

短文：＿＿＿＿＿＿＿＿＿＿＿＿＿＿＿＿＿＿＿＿＿＿＿＿＿＿＿＿＿＿＿＿＿＿＿＿＿＿＿

＿＿＿

＿＿＿

挑戰閱讀王

閱讀完〈酷炫蛇板的奧祕〉後，請你一起來挑戰以下題組。

答對就能得到👍，奪得 10 個以上，閱讀王就是你！加油！

☆酷炫的蛇板蘊含著精密的前進機制，請回答下列相關問題：

（　）1.要讓蛇板前進，身體的運動方式為何？（答對可得到 1 個👍哦！）

　　　　①腳前後擺動前進　②蹬地後滑行前進

　　　　③蹬地後旋轉前進　④臀部左右擺動前進

（　）2.蛇板前進所利用的原理，為下列何者？（答對可得到 1 個👍哦！）

　　　　①蛇板輪子大小形狀不同　②輪子轉動面和踏板夾角的改變

　　　　③腳滑行的方向不同　④腳蹬地的力道不同

（　）3.蛇板前進時所需的能量來源，應為下列何者？（答對可得到 1 個👍哦！）

　　　　①蛇板輪子與地面的摩擦力

　　　　②藉由輪子轉動面和踏板間的夾角改變，讓動位能互相轉換

　　　　③腳蹬地時所提供的動力

　　　　④蹬地滑行的距離

（　）4.蛇板行進時，踏板與輪子之間的夾角示意如附圖，當傾斜角 $\theta_{甲} > \theta_{乙}$ 時，
下列敘述何者正確？（答對可得到 2 個👍哦！）

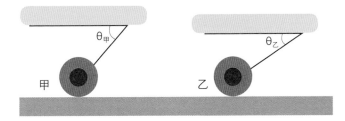

　　　　①甲位置時的位能較小

　　　　②乙位置時的動能較小

　　　　③甲乙位置的位能相同

　　　　④甲乙位置在變化過程中符合力學能守恆

☆力學能守恆也可運用在跳臺滑雪（又稱跳雪）比賽，如圖所示，跳臺由助滑區、著陸區、停止區組成，各區坡道有各自的曲率弧度與角度。試回答下列問題：

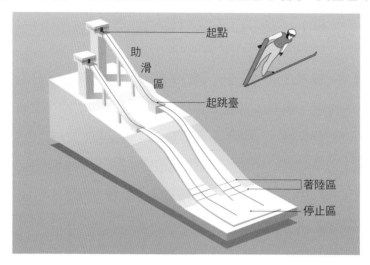

5.請說明跳雪選手在「助滑區」與「起跳臺」之間，主要的能量轉換過程為何？（簡答題，答對可得到 2 個👍哦！）

ANS：_____

_____

6.某跳雪選手體重（質量）65kg，跳離起跳臺的瞬間速度為 24m/s，假設忽略各項摩擦力與空氣阻力，試問起點與起跳臺之間的高度差為多少？數值取至整數位。（簡答題，答對可得到 2 個👍哦！）

提示：請利用「動能 = 重力位能」的公式：$E_k = 1/2mV^2 = mgh$
（m：質量，V：速率，g：重力加速度 = 9.8m/s^2，h：高度）

ANS：_____

_____

（　）7.籃球賽開球時，裁判將球垂直向上拋出，如果不考慮空氣的影響，下列敘述何者正確？（答對可得到 2 個👍哦！）

①球在上升過程中，所受重力逐漸變大

②球在上升過程中，重力位能逐漸變少

③球在上升過程中，動能逐漸變少

④球到達最高點的瞬間，所受合力為零

延伸知識

力學能守恆：物體受到力的作用時（如重力、靜電力），在不受摩擦力影響的情況下，動能與位能可以相互轉換，且動能與位能的總和不變，此即為「力學能守恆」。其中動能是指物體在運動中所具有的能量，如：飛馳的汽車、流動的水等，都具有動能。動能和物體的質量及速率成正比，質量相同的物體，速率愈大則動能愈大；而速率相同時，質量愈大的物體，所具有的動能也愈大。

動能 $E_K = 1/2\ mV^2$（m 為質量，V 為速率）

另外，物體位置改變所產生或需要的能量稱為位能。地面上的任何物體，都受到重力作用，且物體在愈高處，重力位能就愈大。

重力位能 $U = mgh$（m 為質量，g 為重力加速度 $= 9.8m/s^2$，h 為高度）

由於力學能守恆，同一系統中改變的位能會轉換成動能，反之亦然。

延伸思考

1.想一想，蛇板的前進與它的外觀結構變化有什麼樣的關係？

2.蛇板的移動速度，與腳或身體扭動的幅度和頻率有什麼樣的關係？

3.在日常生活中，有哪些現象或運動，可以用動能或位能解釋？試舉出五種。

今天鎂不鎂？

▲仙女棒的白光來自鎂的燃燒。

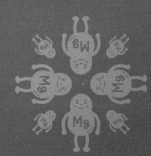
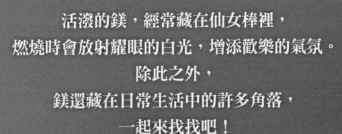

活潑的鎂，經常藏在仙女棒裡，
燃燒時會放射耀眼的白光，增添歡樂的氣氛。
除此之外，
鎂還藏在日常生活中的許多角落，
一起來找找吧！

撰文／高憲章

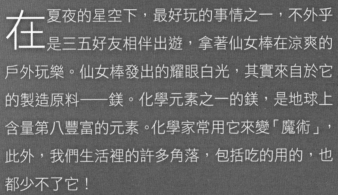

在夏夜的星空下，最好玩的事情之一，不外乎是三五好友相伴出遊，拿著仙女棒在涼爽的戶外玩樂。仙女棒發出的耀眼白光，其實來自於它的製造原料——鎂。化學元素之一的鎂，是地球上含量第八豐富的元素。化學家常用它來變「魔術」，此外，我們生活裡的許多角落，包括吃的用的，也都少不了它！

鎂是一種銀白色的金屬，可在元素週期表中，左邊數來第二行的「鹼土族」元素裡找到。這一族的元素具有許多共同特性，像是：在地殼中含量很多、氧化物都呈現鹼性，所以稱做「鹼土族」。鎂身為鹼土家族的二哥，重量很輕、活性很大，是一種非常容易發生反應的元素，金屬鎂燃燒時會放射出非常耀眼的白光。我們在點燃仙女棒時看見的白光，正是裡頭的鎂粉劇烈氧化（也就是燃燒）的結果。除了仙女棒，各大節慶時許多人最愛看的煙火，也使用了大量的鎂，因而能在夜空中炸出耀眼的銀白色光芒。

繪圖：Uncle Alvin，圖片來源：達志影像，Shutterstock

活潑過頭的元素

不過要注意的是，鎂是一種開始反應之後就欲罷不能的元素，一旦開始燃燒，即使丟進充滿二氧化碳的環境中，也能和二氧化碳發生反應而繼續燃燒，因此鎂的保存要非常小心。

重量輕是鎂的另一項特點。純金屬鎂的密度只有 $1.7g/cm^3$，若跟幾種我們熟知的金屬相比：金的密度是 $19.32g/cm^3$、銅是 $8.9g/cm^3$、鋁是 $2.7g/cm^3$，鎂的密度遠低於它們。舉例來說，如果一塊金磚替換成相同體積的鎂金屬，重量甚至不到金磚的十分之一！

因為具有重量輕的特性，鎂常被用來製成鎂合金，也就是把鎂和其他金屬調合在一起，獲得新的金屬材料。例如混合了鋁和鎂的鋁鎂合金，兼具輕巧與硬度的需求，還可以調整鎂和鋁的比例，以達成理想的硬度、耐磨程度、抗腐蝕等等特性，使鋁鎂合金擁有接近鋼的硬度，重量卻像塑膠一樣輕。鎂鋁合金常出現在主打輕量化、高剛性結構的產品裡，例如筆記型電腦的金屬外殼、相機用的三角架、金屬殼的行李箱等等，都是日常生活中常見的產品。

日常生活裡的鎂

鎂也和我們的日常生活息息相關，像是胃藥、乾燥劑、瀉藥裡都有鎂，海水裡也有鎂的蹤跡。

制酸有一套：當身體不舒服去看醫生時，醫生總是開出各式各樣的藥幫助我們改善症狀。試著比對看看這些藥丸，常可發現一種特別大顆的藥錠，極可能就是胃藥。胃藥的主要作用是抑制胃裡的酸，所以有個比較專業的名稱「制酸劑」。制酸劑的主要成分是弱鹼的鹽類，其中最重要的成分是氫氧化鎂（$Mg(OH)_2$），這種鎂的鹽類能夠與酸反應，中和過多的胃酸。

保持乾燥吸水強：此外，我們的生活周遭還有很多鎂的化合物，比如體操選手比賽前常在手上抹的白色粉末，主要是碳酸鎂（$MgCO_3$），因為碳酸鎂具有吸水性，做成粉末狀能讓表面積變很大，有利快速吸水，讓選手的手部保持乾燥而能夠防滑；

袋狀乾燥劑裡的白色粉末大多是使用無水硫酸鎂（$MgSO_4$），因為無水硫酸鎂碰到水分子時可以很快形成穩定的水合物，抓住水分。

乾燥劑 DESICCANT

便便的好幫手：想要排便更順暢時吃的瀉藥，主要成分是氧化鎂（MgO），主要是藉由氧化鎂的吸水特性，讓便便裡的水分變多，更容易排出體外。

酸鹼中和彩虹魔術秀

你可能會疑惑，中和酸性時為什麼是使用弱鹼性的氫氧化鎂，而不用強鹼呢？因為激烈的酸鹼中和會快速產生大量的熱，如果這些熱產生在肚子裡，那可不妙！而且，藥物若具有強鹼，早在到達胃部以前，就先把口腔、喉嚨、食道給破壞光了！

但弱鹼真的可以中和酸嗎？我們可以進行一個很簡單的實驗，來瞧瞧氫氧化鎂調整酸鹼度的能力。先拿一支玻璃試管，加入洗廁所時會用到的稀鹽酸，接著加入幾滴廣用指示劑。廣用指示劑能依溶液酸鹼程度不同，顯示不同顏色，由酸到鹼分別為：紅→黃→綠→藍→紫）。備好的稀鹽酸加入廣用指示劑混合均勻後，溶液會變成紅色。

另外準備一杯水，加入一些氫氧化鎂粉末。由於氫氧化鎂不太能溶解於水中，粉末會在水裡載浮載沉，所以要盡量攪拌均勻，讓它變成灰白色的狀態。我們也在這個灰白色的水溶液裡加幾滴廣用指示劑，結果會呈現代表中性到弱鹼性的淡綠色。

小心把含有氫氧化鎂的水溶液，加進含有稀鹽酸的試管裡，隨著氫氧化鎂加的量愈來愈多，可以看見原本紅色的水溶液慢慢變黃，再漸漸從黃色變綠色。這段美麗的顏色變化，代表的正是氫氧化鎂把稀鹽酸中和了，就像胃藥中和胃酸的過程！

在玻璃試管中加入稀鹽酸與廣用指示劑。因為稀鹽酸是酸性，所以整管溶液會呈現紅色。

→

加入氫氧化鎂懸浮水溶液後，因為氫氧化鎂不溶於水，加入試管後會先下沉，再與鹽酸進行中和反應，所以愈靠近試管底部的溶液愈先呈中性，顏色出現黃色到綠色的漸層變化。

→

稍微搖晃試管後靜置，整管溶液的稀鹽酸漸漸被氫氧化鎂中和，最後呈現均勻的黃至綠色。

氫氧化鎂懸浮液　　加入廣用指示劑的氫氧化鎂懸浮液　　加入廣用指示劑的鹽酸水溶液　　廣用指示劑在中和溶液的顏色

海中之鎂：前往海邊玩時，不小心喝到海水，除了鹹味還會感覺到苦味，這是因為海水裡含有氯化鎂（$MgCl_2$）。

其實，人體中本來就含有大量的鎂離子，是人體內含量第四高的陽離子，保持體內鎂離子的濃度非常重要。鎂離子大部分集中在骨骼，其次在肌肉，剩下的分散在身體各處。各種生命機能都跟鎂有關，例如鎂是配合身體內酵素工作的重要元素，這些工作包括蛋白質的轉換、神經訊息的傳遞、維持肌肉的正常功能、穩定心臟規律跳動、保持骨骼的健康等等。如果身體內的鎂離子濃度過高或過低，對健康的影響可不小！

葉綠素的中心

鎂不只對人類很重要，對植物也一樣。植物如果缺乏鎂，會無法進行光合作用！因為植物行光合作用需要葉綠素，而葉綠素是一個以鎂為中心的錯合物，在 1818 年被科學家從植物的葉片中分離出來。雖然目前科學家還無法百分之百了解光合作用的詳細機制，但對於葉綠素這個光合作用的主角，倒是研究得十分透澈。

在葉綠素的中心有一個大大的金屬鎂離子，鎂的外面密密麻麻包了一整圈的碳、氫、氧、氮原子，就像土星環一樣平坦的圍繞在外。這個特殊的結構叫做「普林環」，使葉綠素特別能夠吸收藍光和紅光，但不太會吸收綠光，因此含有葉綠素的葉子會反射綠光而呈現綠色。

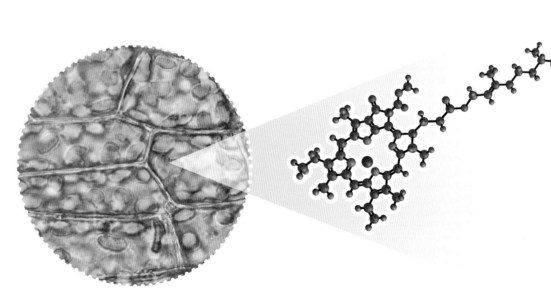

●碳
●氫
●氧
●氮
●鎂離子

▲圖為顯微鏡下的植物細胞，可看見細胞內有一顆一顆的葉綠體，而葉綠素就集中在葉綠體內。

▲葉綠素的立體結構，以鎂離子為中心，外面環繞著一圈由碳、氫、氧、氮組成的普林環，還有一條長長的尾巴。

繪圖：Uncle Alvin：圖片來源：高憲章、Shutterstock

葉綠素的結構雖然特別，但很不穩定，它是專門用來執行光化學反應的分子，但卻有可能被光分解。此外，酸、鹼、氧等成分，也可能讓葉綠素的結構瓦解。

舉例來說，如果用醋浸泡葉子，一段時間後會看到葉子變成咖啡色，這是因為葉綠素中間的金屬鎂跑掉了。接下來在溶液裡加入醋酸銅，小火慢煮幾小時後，再把葉子夾起來，會發現葉子又變回綠色，只不過跟本來的綠略有不同，並非原本的翠綠，而是呈現橄欖綠。這是因為醋酸銅中的銅離子，填補了葉綠素中間鎂離子跑掉所留下的空位，形成銅葉綠素。橄欖綠正是銅葉綠素的顏色，比原本的葉綠素安定許多，不會因為光照或是稍微加熱就失去顏色，因此是保存綠色植物標本的好方法。

從煙火燃燒放出的耀眼白光、輕量化的材料、可吃下肚的制酸劑和瀉藥、骨骼主要成分之一，到植物的葉綠素中心，我們的生活裡處處可見「鎂」這麼一個活潑的元素。下次在夜晚揮舞仙女棒照相時，別忘了這些漂亮的火花來自鹼土族中的重要元素——鎂！ 科

正常的葉子呈現青翠的綠色，葉綠素並未受到破壞。

⬇ 用醋煮兩小時

葉綠素分子中的鎂離子跑掉，葉子呈現咖啡色。

⬇ 加入醋酸銅繼續煮

銅離子占據鎂離子原本的位置，形成銅葉綠素。葉子恢復綠色，不過是偏暗的橄欖綠。

作者簡介

高憲章　淡江大學理學院科學教育中心執行長，同時負責化學下鄉活動，跟著行動化學車全臺跑透透，經由各種化學實驗與全臺各地的國中生分享化學的趣味與驚奇。個子很高，是名符其實的「高博士」。

今天「鎂」不「鎂」？

國中理化教師　黃冠英

主題導覽

〈今天「鎂」不「鎂」？〉介紹了地球含量第八豐富的元素──鎂。鎂在日常生活中，能夠以金屬元素及化合物的狀態存在，像是仙女棒、鎂合金、胃藥、乾燥劑等。文章中也說明相關應用的原理，可從中更了解鎂金屬及鎂化合物的特性。

另外，植物中的葉綠素也與鎂息息相關，葉綠素的特殊結構及性質，文章中都有詳細的介紹。

閱讀完文章之後，你可以利用「關鍵字短文」和「挑戰閱讀王」檢測自己的理解程度。「延伸知識」介紹了常見的乾燥劑，以及胃藥的種類，讓你對這些日常生活中的相關應用更加熟悉。

關鍵字短文

〈今天「鎂」不「鎂」？〉文章中提到許多重要的字詞，試著列出幾個你認為最重要的關鍵字，並以一小段文字，將這些關鍵字全部串連起來。例如：

關鍵字： 1. 活性　2. 鹼土族　3. 鎂合金　4. 普林環　5. 葉綠素

短文： 鎂元素在週期表中排在第二行，屬於鹼土族。日常生活中有很多物質都含有鎂：銀白色光芒的煙火中添加了活性大的金屬鎂；鎂合金材料則利用了金屬鎂重量輕的特色。另外，可行光合作用的植物內含的葉綠素，它的立體結構中心也含有一個鎂離子，外面還環繞著一圈普林環。普林環讓葉綠素不大能吸收綠光，因此葉子呈現綠色。

關鍵字： 1.＿＿＿＿＿　2.＿＿＿＿＿　3.＿＿＿＿＿　4.＿＿＿＿＿　5.＿＿＿＿＿

短文： ＿＿＿＿＿＿＿＿＿＿＿＿＿＿＿＿＿＿＿＿＿＿＿＿＿＿＿＿＿＿＿＿＿＿＿＿

＿＿＿＿＿＿＿＿＿＿＿＿＿＿＿＿＿＿＿＿＿＿＿＿＿＿＿＿＿＿＿＿＿＿＿＿＿＿＿

＿＿＿＿＿＿＿＿＿＿＿＿＿＿＿＿＿＿＿＿＿＿＿＿＿＿＿＿＿＿＿＿＿＿＿＿＿＿＿

挑戰閱讀王

閱讀完〈今天「鎂」不「鎂」？〉後，請你一起來挑戰以下題組。

答對就能得到👍，奪得 10 個以上，閱讀王就是你！加油！

☆鎂是一種銀白色金屬，屬於鹼土族元素，請根據它的性質回答下列題目：

（　）1.請問下列週期表上的元素中，哪一個可能與鎂具有相似的化學性質？（答對可得到 1 個👍哦！）

　　　　①鉀　②鈣　③銅　④鋅

（　）2.有關鎂的敘述，下列何者正確？（答對可得到 1 個👍哦！）

　　　　①鎂是地球含量最豐富的金屬元素

　　　　②鎂燃燒時會產生黃色火焰

　　　　③鎂可以放在二氧化碳中燃燒

　　　　④相同體積大小的鎂、金、銅金屬，鎂金屬會最重

（　）3.下列有四種未知金屬，已測得質量與體積，何者最有可能是鎂？（答對可得到 2 個👍哦！）

金屬	甲	乙	丙	丁
質量（g）	270	1932	1780	340
體積（cm³）	100	100	200	200

①甲　②乙　③丙　④丁

☆鎂在常溫下為金屬固體，除了以元素狀態存在，更以各種化合物的形式存在於我們的生活中，請回答下列題目：

（　）4.關於鎂的各種化合物及應用，下列哪些敘述正確？（多選題，答對可得到 2 個👍哦！）

　　　　①胃藥內制酸劑的其中一個成分為氯化鎂，可以中和胃酸

　　　　②體操選手會在手部抹上含碳酸鎂的白色粉末，能吸水以保持乾燥

　　　　③瀉藥內含氫氧化鎂，可吸水讓便便水分變多而易排出體外

　　　　④乾燥劑內的白色粉末可能為無水硫酸鎂

（　）5.鎂離子是身體內的重要元素，下列有關鎂離子的敘述哪些正確？（多選題，答對可得到 1 個👍哦！）

①鎂離子大多集中在肌肉　②協助保持骨骼的健康

③無法配合身體內酵素一同運作　④協助傳遞神經訊息

☆人類所需的氧氣，最主要仰賴綠色植物內部的葉綠素行光合作用所製造，請回答下列有關葉綠素的敘述：

（　）6.葉綠素的立體結構是以哪一種離子為中心？（答對可得到 1 個👍哦！）

①鎂離子　②鈣離子　③鉀離子　④鋁離子

（　）7.葉綠素結構由碳、氫、氧、氮原子圍繞在外，形成特殊的普林環，因此使葉綠素特別能吸收哪些色光？（多選題，答對可得到 2 個👍哦！）

①紅光　②綠光　③黃光　④藍光

（　）8.葉綠素的結構不是很穩定，若泡在醋酸銅溶液中，會反應而形成銅葉綠素。下列關於銅葉綠素的敘述何者正確？（答對可得到 1 個👍哦！）

①呈現橄欖綠色　②可用來保存綠色植物標本

③是一種脂溶性色素　④以上皆正確

☆我們可利用氫氧化鎂進行酸鹼中和，藉以調整酸鹼度，若滴加廣用試劑，更可從顏色的變化中，明顯看出酸鹼程度的改變情形。請回答下列問題：

（　）9.請問氫氧化鎂酸鹼性為何？（答對可得到 1 個👍哦！）

①酸性　②鹼性　③中性

（　）10.在鹽酸溶液中，滴入廣用試劑攪拌均勻，接著慢慢加入氫氧化鎂，請問顏色變化最可能為？（答對可得到 1 個👍哦！）

①黃→綠→紅　②綠→黃　③紅→黃→綠　④綠→藍

延伸知識

1.**乾燥劑**：能夠除去潮濕物質中的「水分」，減緩食品腐敗，主要分為兩類：

①化學乾燥劑：透過與水結合生成水合物進行乾燥，如硫酸鈣和氯化鈣等。

②物理乾燥劑：透過物理性吸附水分來進行乾燥，如矽膠與活性氧化鋁等。

2. **胃酸**：胃酸對人體很重要，除了能殺死胃裡的某些細菌，酸性環境更有助於胃蛋白酶的活化，以便進一步消化含蛋白質的食物。

3. **胃藥**：胃藥的作用主要是針對胃酸，藉由三大層面的功能——降低胃酸酸性、減少胃酸分泌，以及保護胃部黏膜，降低胃酸對胃部的傷害。一般藥局能購買到的胃藥，大多屬於降低胃酸酸性的制酸劑；其他種類的胃藥，通常需要醫師開立處方，經由醫師或藥師指導才能使用。

①降低胃酸酸性：胃藥中的制酸劑可中和胃酸，進而減少胃酸對黏膜組織的侵犯，可短暫緩解胃食道逆流的不適。

②減少胃酸分泌：這類藥物從源頭著手，降低胃酸的分泌，使細胞與胃酸的反應機率下降。

③保護胃部黏膜：胃黏膜保護劑可形成保護層，附著在下食道及胃部黏膜上，降低這些部位遭受胃酸損害的程度。

延伸思考

1. 請利用網路資源查詢，日常生活中有哪些物品的材質利用了鎂合金？

2. 鎂是身體運作所需的礦物質，以國中生為例，每日攝取量分別是男生 230mg（毫克）、女生 320mg，請試著查詢：當身體內缺乏鎂離子時，可能會有哪些現象？若想補充礦物質鎂，應當攝取哪些食物？

3. 請在家長陪同下，嘗試將綠色葉子泡在水及醋內進行加熱，並觀察葉子的顏色變化。若能取得醋酸銅，請試著將煮過的葉子放進去繼續煮，並繼續觀察葉子的顏色變化。

在哪裡？在哪裡？
隱形科技！

電影中似乎才會出現的「隱形」情節，
也許快要在生活中實現了！
科學家如何讓物體隱形？
這和光的行進路線又有什麼關係呢？

撰文／趙士瑋

你一定聽過「隱形斗篷」這項神奇的道具，它可是幫助哈利波特度過重重難關的好幫手。但在現實生活中，有沒有可能真的讓人隱形？或可能打造出隱形斗篷嗎？其實這項目標在科學家的努力下，已經愈來愈接近實現的一天！

先來界定一下什麼是隱形？從光學角度來看，一個人能「看見」眼前的物體，是因為有光線從物體出發，進入人的眼睛。例如下圖中，阿文站在小敏與大樹之間，由於光直線前進，從大樹發出的光線會被阿文擋住，使小敏看不見大樹，只看見阿文。但假設來自大樹的光線可透過某種方式繞過阿文，抵達小敏的眼睛並遮蔽阿文發出的光線，小敏就看不見阿文，而是看見大樹。這就好比在阿文周圍畫一個假想的「盒子」，這個盒子可讓來自大樹的光線，在觸及盒子前與離開盒子後，所走的軌跡與阿文不在時一模一樣，如此一來阿文就能從小敏眼中隱形了。

話雖簡單，但該如何辦到？隱形科技的研究，其實就是不斷嘗試不同的裝置、材料，讓上述的「盒子」製造出隱形效果。目前為止，有哪些隱形的方法呢？

 ## 隱形「鏡」然這麼簡單？

首先，將平面鏡排成「⟨⟨」形的立鏡組，就是一個簡易的隱形裝置！因為當光觸及鏡面時，會發生反射現象，並且遵守「反射

繪圖：曾建華．圖片來源：Shutterstock

定律」——入射角等於反射角。如果「〈〈」形立鏡組的夾角是 90 度，而光線成 45 度角射入鏡面，那麼光在「〈〈」形立鏡組當中連續反射前進，軌跡呈現「匚」形，最後與鏡面成 45 度角反射而出。也就是說，光線在進入和穿出立鏡組前後的行進路線，和沒有立鏡組時是一樣的。這正好符合前面說過的隱形條件。如果觀察者眼前原本有一支手機，但以「〈〈」形立鏡組將它隱藏在後，觀察者將無法察覺眼前其實藏有物件。

不過，這種隱形裝置有一個致命缺點，那就是——太容易穿幫了！觀察者的視線僅能和鏡面成 45 度，這樣的隱形條件太過受限。如果觀察者的視線移動，不小心與鏡面垂直，他甚至能從鏡中看到自己的倒影！更何況，用平面鏡排成「〈〈」形，跟酷炫的隱形斗篷簡直是天差地遠。

將平面鏡以夾角 90 度擺放，可做成簡易隱形裝置，讓觀察者無法察覺隱形區域內有物件。

透鏡版隱形裝置

另一個由美國羅徹斯特大學（University of Rochester）研究團隊發明的隱形裝置，則使用了兩組透鏡，每組透鏡有兩個鏡片，焦距兩兩相等（焦距是指光線聚集的焦點與透鏡中心的距離）。經過精密的計算，研究團隊發現，只要將透鏡按照特定的距離排成一列，就能形成隱形遮罩！

當光線從透鏡組的一端出發，進入透鏡，會經過一連串的折射、匯聚、散開，最後從透鏡組的另一端射出，而光線進入透鏡組前與穿出透鏡組後，行進方向和沒有透鏡組時一模一樣！正好符合隱形的要件。至於物體要放在哪裡才可以隱形呢？答案是透鏡組所形成的圓柱內，並避開光線在透鏡組中前進的路徑。如此一來，當觀察者從透鏡組的一端觀察時，將會直接看到透鏡組的另一端，而不會看到隱形區域內的物體。

這個隱形裝置的優點在於，不會因為視角不同而穿幫，更重要的是規模容易放大，只要使用更大的透鏡，讓透鏡之間的距離拉遠，可以達到完全一樣的隱形效果，而供隱形的區域也會跟著變大！這項技術未來可望運用在外科手術上，將遮蔽視線的物體隱形起來，也可能運用在停車輔助系統，把造成視線死角的物體變透明。

奇妙的「超材料」

羅徹斯特大學提出的透鏡組隱形效果良好，但似乎仍然不及人們心目中真正的隱形

圖片來源∴J. Adam Fenster / University of Rochester∴繪圖∴黃榆儒

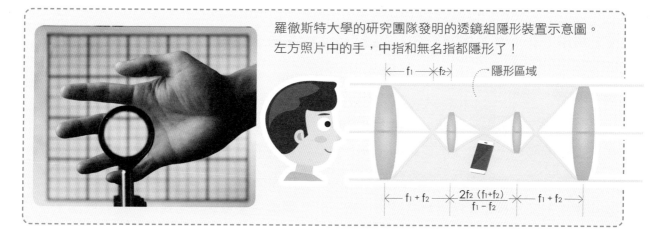

羅徹斯特大學的研究團隊發明的透鏡組隱形裝置示意圖。左方照片中的手，中指和無名指都隱形了！

$$\leftarrow f_1 \rightarrow \leftarrow f_2 \rightarrow$$　隱形區域

$$\leftarrow f_1 + f_2 \rightarrow \leftarrow \frac{2f_2\ (f_1+f_2)}{f_1 - f_2} \rightarrow \leftarrow f_1 + f_2 \rightarrow$$

裝置。不過，科學家目前正努力研發的「超材料」，就是希望利用材料本身的性質來完成隱形，而不需要借助鏡子或透鏡！一般來說，可見光、微波、無線電波等電磁波，觸及物體時都會發生反射或折射，但電磁波對超材料的反應卻不一樣。理論上，把超材料包覆在物體的表面，超材料將可以「牽引」電磁波繞過物體，藉此達成隱形的效果！這種奇妙的物理性質，主要和超材料內部的奈米結構有關。

只要能夠真正製造出超材料，就能用這樣的材質做出隱形斗篷！但可惜的是，現今超材料的領域仍有一些技術問題需要克服。最大的障礙在於波長限制，目前可受「牽引」的電磁波，僅限於波長較長的微波，對於我們真正在乎的可見光，並沒有隱形的效果。而且，即便是在可隱形的微波波段中，也很容易因為視角不同而露出馬腳。

最後，還有一個有趣的問題：假若有朝一日真的能用超材料做出隱形斗篷，那麼穿著斗篷的人，能不能從斗篷內看見外面？這點在目前的研究中鮮少被提及。

利用簡單的光學原理，科學家已經可以設計出具有隱形效果的裝置。不過，要達成真正理想中的隱形，還是得把希望寄託在超材料上。究竟超材料的研究何時能取得重大突破呢？真是令人迫不及待！　科

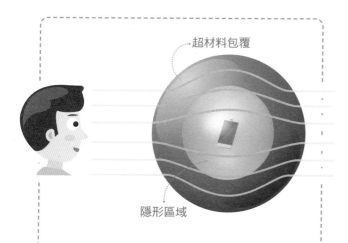

超材料包覆

隱形區域

超材料隱形示意圖。理論上，超材料可以牽引電磁波繞過包覆在內的物體，藉此達成隱形的效果。

作者簡介

趙士瑋　目前任職專刊律師事務所，與科技相關的法律問題作伴。喜歡和身邊的人一起體驗科學與美食的驚奇，站上體重計時總覺得美食部分需要克制一下。

在哪裡？在哪裡？隱形科技！

國中理化教師　黃冠英

主題導覽

《哈利波特》電影中的隱形斗篷，是許多人嚮往的神奇道具；《不可能的任務：鬼影行動》中，也出現了利用螢幕連接裝置所產生的隱形橋段。隨著科技進步，隱形不再只是電影中的情節，在日常生活中也可能做到隱形！

〈在哪裡？在哪裡？隱形科技！〉中，介紹了利用鏡子角度、透鏡裝置、超材料這三種科學方式，如何達成隱形的效果，各有各的優缺點，可以讓你更加了解如何達到隱形。

閱讀完文章後，可藉由「挑戰閱讀王」檢測自己是否更了解光的傳遞；「延伸知識」中補充了電磁波及生活中的奈米，期待有朝一日透過超材料的研發，讓未來每個人都能夠體驗隱形斗篷的威力。

關鍵字短文

〈在哪裡？在哪裡？隱形科技！〉文章中提到許多重要的字詞，試著列出幾個你認為最重要的關鍵字，並以一小段文字，將這些關鍵字全部串連起來。例如：

關鍵字：1. 反射定律　2. 直線前進　3. 透鏡　4. 隱形　5. 折射

短文：光在均勻的介質中會直線前進，當遇到障礙物無法穿透時便會發生反射，返回原介質，且無論障礙物表面是否光滑，都會遵守反射定律，也就是入射角等於反射角。另外，當光線進入不同介質時，會因為行進速度不同而產生折射現象，例如光通過凸透鏡時，因偏折而有聚光的效果。了解光的特性，能夠藉此更了解隱形的奧祕。

關鍵字：1.＿＿＿＿　2.＿＿＿＿　3.＿＿＿＿　4.＿＿＿＿　5.＿＿＿＿

短文：＿＿＿＿＿＿＿＿＿＿＿＿＿＿＿＿＿＿＿＿＿＿＿＿＿＿＿

＿＿＿＿＿＿＿＿＿＿＿＿＿＿＿＿＿＿＿＿＿＿＿＿＿＿＿＿＿＿＿

＿＿＿＿＿＿＿＿＿＿＿＿＿＿＿＿＿＿＿＿＿＿＿＿＿＿＿＿＿＿＿

挑戰閱讀王

閱讀完〈在哪裡？在哪裡？隱形科技！〉後，請你一起來挑戰以下題組。

答對就能得到👍，奪得 10 個以上，閱讀王就是你！加油！

☆想要隱形，首先要了解光線的方向及光線如何行進，請判斷下列問題：

（　　）1.如果被困在夜晚中沒有開燈的室內，除了呼喊求救，若要讓室外的人隔著
　　　　　窗戶的玻璃看見你，可使用手電筒或任何光源照射哪裡？（答對可得到 1
　　　　　個👍哦！）
　　　　　①走廊的同學　②窗戶的玻璃　③自己　④室內擺設的鏡子

（　　）2.以下哪些現象可證明光是直線前進？（多選題，答對可得到 1 個👍哦！）
　　　　　①影子的形成　②針孔成像　③湖面上的倒影　④海市蜃樓

（　　）3.晚上可看見月亮發光，請問它的光從何而來？（答對可得到 1 個👍哦！）
　　　　　①月亮本身產生　②反射地球的光線
　　　　　③嫦娥和月兔在製造光能　④反射太陽的光線

（　　）4.日食的產生，是因為光線如何被擋住？（答對可得到 1 個👍哦！）
　　　　　①太陽的光線被地球擋住　②太陽的光線被月球擋住
　　　　　③月球的光線被地球擋住　④月球的光線被太陽擋住

☆利用直立的平面鏡組合，及鏡子擺放角度的安排，可達到簡單的隱形效果。參考
　前面的文章，試著回答下列問題：

（　　）5.光線觸及鏡面時，一定會遵守反射定律，請問下列哪些符合反射定律？（多
　　　　　選題，答對可得到 2 個👍哦！）
　　　　　①入射線及反射線一定在法線（垂直鏡面的假想線）同側
　　　　　②入射角等於反射角
　　　　　③入射角大於反射角
　　　　　④入射線、反射線及法線會在同一個平面上

（　　）6.平面鏡之間夾幾度角時，能夠使進入立鏡組的光線，在反射出立鏡組時保
　　　　　有相同的方向？（答對可得到 1 個👍哦！）

①30度　②45度　③60度　④90度

（　）7.承上題，立鏡組設立好之後，觀察者的視線需與鏡面成幾度角，才不會穿幫或看見奇怪的畫面？（答對可得到1個👍哦！）

①30度　②45度　③60度　④90度

☆美國羅徹斯特大學的研究團隊，利用四個透鏡來製作隱形裝置，請試著回答下列問題：

（　）8.請問下列描述光線通過透鏡時所產生的現象，何者正確？（答對可得到1個👍哦！）

①僅發生反射　②僅發生折射

③反射和折射同時發生　④反射和折射都沒發生

（　）9.以下哪些鏡子有匯聚光線的功能？（多選題，答對可得到1個👍哦！）

①凹面鏡　②凹透鏡　③凸面鏡　④凸透鏡

（　）10.若想將透鏡組隱形裝置的隱形區域擴大，可選擇較＿＿＿的透鏡，並讓透鏡之間的距離＿＿＿一點。請問空格中依序應填入哪個選項？（多選題，答對可得到2個👍哦！）

①小　②近　③大　④遠

延伸知識

1.**奈米結構**：奈米科技之父——費曼（Richard Feynman）曾說：「在微小世界裡仍有許多空間」。奈米源自希臘語「nanos」，意思是矮人。如今科學符號「nano」已被指定為數字10^{-9}，即任何單位的十億分之一。生活中具有奈米結構的例子很多，如：

①壁虎的每隻腳掌上，都布滿數百萬根直徑約200～500奈米的剛毛。這麼多根奈米尺寸的剛毛同時作用時，造成的吸附力非常驚人，最大可吸附120公斤重。

②蜘蛛網是由數十到百條奈米結構結晶蛋白質纖維纏繞而成，具有高彈性、高強度及高黏性，堪稱是世界上最強的生物纖維。

③人類的小腸內壁布滿了皺摺及絨毛，絨毛上又覆蓋一層直徑只有90～100奈

米的微絨毛，這樣的結構使小腸的表面積變得很大，總吸收面積可高達 300 平方公尺，因此小腸是消化系統中吸收營養最重要的器官。

④蓮葉表面布滿 5 ～ 15 微米的細微突起，突起上覆蓋著 100 ～ 200 奈米的脂質纖毛結構，使得水滴與葉子的接觸面只有奈米級，因此成就蓮葉的超疏水特性。水滴無法附著在蓮葉表面，因此形成小水珠。

2.**可見光**：隱形科技所處理的主要範圍，是電磁波譜中的可見光。電磁波依頻率進行分類，從低頻率到高頻率各有不同的名稱，其中較高頻率的電磁波波長短、能量高。可見光為人類眼睛可偵測的波段，波長大約為 400 ～ 780nm（奈米）上下，其中紅光的波長較長、能量較低，可應用於皮膚美容；藍光波長較短、能量較高，可提高情緒並增強意識。晚上若長期暴露於藍光下，會降低睡眠調節激素——褪黑激素的生成，影響睡眠。

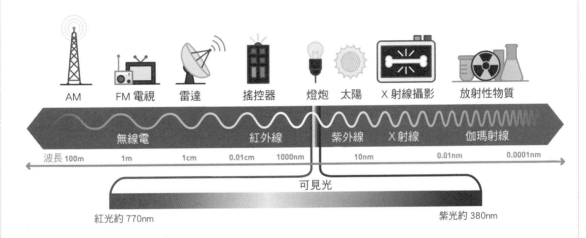

延伸思考

1. 調整立鏡組鏡子的角度除了可隱身外，請想想看：若今天有兩面鏡子，如何放置可以產生無限多個像？試著拿家裡的鏡子實驗看看。

2. 生活中常見到「哈哈鏡」，雖然不能將人隱形，但可以變形。請想想看，若想達到變瘦的效果，應使用何種鏡子做為哈哈鏡？為什麼？

3. 請利用網路資源，搜尋在電影中出現過的隱形實例，想想看它們分別利用了哪些科學原理？

圖片來源：Shutterstock

鐵定很重要

鐵，
不僅是人體內不可缺少的元素，
古代人對鐵製品的掌握，
甚至左右了歷史的發展。
鐵為什麼這麼重要呢？

撰文／高憲章

「恨鐵不成鋼」是大家耳熟能詳的成語，意思是希望一個人好，可惜這個人卻偏偏不成器，所以拿這句話激勵人。這句成語除了鼓勵人努力向上以外，仔細分析，還會發現它其實是一句非常化學的成語——因為鋼正是從鐵煉製而來！古時候，煉鋼是很高難度的冶煉技術，成功後可獲得比鐵更堅硬的鋼，失敗時卻可能使材料變得更脆弱。

西元前 1200 年左右，人類文明開始使用鐵，從石器時代、青銅器時代跨入鐵器時代，之後經過好幾千年至今，鐵仍舊是我們生活中極為重要的金屬，很難想像生活中若沒有鐵會變成什麼樣子。還好，這個假設不太可能成真，畢竟以金屬而言，鐵在地殼中的含量排名第二。不過，既然鐵是這麼容易找到的金屬，為什麼人類先懂得使用銅，之後才學會使用鐵呢？

◀磁鐵礦是很普遍的礦物，在臺灣大屯火山群、臺灣北部和西部海岸的海砂、東部的河砂，以及中央山脈變質岩中，都找得到磁鐵礦。

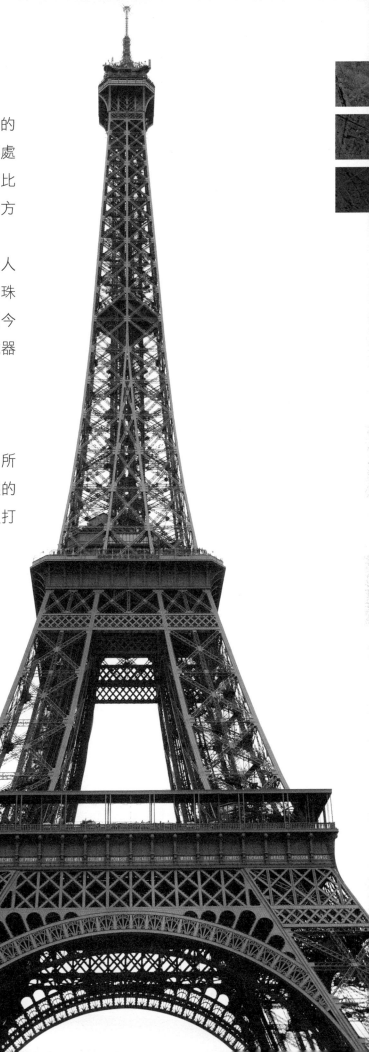

地球上雖然含有豐富的鐵，但大多以氧化物的狀態存在，主要是赤鐵礦和磁鐵礦，因此需要處理後才能得到純鐵。然而熔化鐵所需要的溫度比銅高出許多，所以一直到人類找到冶煉鐵礦的方法之後，才有辦法大規模使用鐵器。

古文明中記載了許多使用鐵器的紀錄，埃及人可能是從隕石中發現鐵，開採出來製作工具和珠寶，印度與古代中國的鐵器甚至有些仍保存到今日。自從鐵器時代開啟後，掌握開採與製作鐵器的技術，等於擁有精良的武器與強盛的國力。

讓鐵變成鋼

純鐵是銀白色或灰色，具有韌性和延展性，所以電影或電視劇裡經常這樣演：鐵匠升起熊熊的爐火，把鐵塊放進去燒得紅熱之後，再又敲又打的將鐵打造成不同的形狀，可能變成劍、變成斧，或變成耕種用的器具。古人在冶煉鑄造各種鐵器時還發現，鐵在高溫下很容易溶解其他元素，並因此改變特性，其中最有趣的一個變化，是把碳加入燒熱的鐵中，冷卻後得到的金屬硬度會改變。碳的含量會微妙的影響鐵合金的性質：含碳量高一些，得到的合金叫做「鑄鐵」；但如果能把含碳量控制在 0.1～2.5% 之間，就能獲得生活與工業中極為重要的一種材料——鋼。煉鋼需要的溫度和碳比例都相當難以控制，因此一直到 19 世紀以後，才找到便宜的方法大量製造鋼。

圖片來源：Shutterstock、freepik、達志影像；繪圖：Uncle Alvin

漫畫《鋼之鍊金術師》的故事設定非常有趣，漫畫主角的右手和左腳都是由鋼鐵製成的機械義肢，但在不同的天候下，需要加入少量的其他元素來調整義肢的特性。跳脫想像世界的漫畫，回到實際的生活中，我們可透過加入鎳、錳、釩、鉻等元素，讓鋼的硬度提高，或變得更耐鏽、抗腐蝕等等，適用於各式各樣的環境。

讓鐵變成鏽

鐵是如此堅硬、萬用，但生了鏽卻變得很傷腦筋。為什麼鐵這麼容易生鏽？又為什麼鐵鏽很容易剝落呢？這都跟鐵元素的本質有關。

鐵屬於過渡金屬的其中一員。原子的基本結構包括質子、中子與電子，其中的中子與質子構成原子核，電子在原子核之外轉來轉去。電子帶負電，受到帶正電的質子吸引，因此環繞在一定的軌道中。有些軌道離原子核比較近，有些比較遠，而位在離質子最遠軌道上的電子，最容易「脫軌」。鐵的原子核總共有 26 個質子，所以在原子核外共有 26 個電子。過渡金屬這一族，最外側的軌道上有兩個電子非常容易跑掉、脫離原本的軌道。由於這樣的特性，過渡金屬常常處於少了電子後的陽離子狀態。鐵的離子狀態最常見的有兩種形式，分別是少了兩個電子的亞鐵離子（寫做 Fe^{2+}，表示鐵失去兩個電子），和少了三個電子的鐵離子（寫做 Fe^{3+}）。

這兩種鐵離子顏色不一樣，亞鐵離子的溶液是非常淡的綠色，而鐵離子的溶液是紅棕色。除此之外，亞鐵離子最外圍的軌道上有六個電子，但這層軌道的空間總共可以穩定的放滿十個電子，因此還少了四個，所以亞鐵離子傾向從別的地方借些電子來，好填滿最外層的電子軌道，以便較為安定，所以亞鐵離子非常活潑，容易起化學作用。但另一方面，亞鐵離子也傾向再失去一個電子，形成鐵離子，讓剩下的五個電子可平均分享軌道。所以相對而言，鐵離子會比亞鐵離子安定一些。不過話說回來，鐵的離子可以跟誰借電子呢？最好的來源之一是氧，鐵離子或亞鐵離子都傾向和氧反應，互相分享電子，反應後會形成三氧化二鐵（Fe_2O_3），這就是我們熟知的鐵鏽。鐵鏽體積會比原來的鐵大，所以會讓鐵的表面看起來凹凹凸凸的，而且非常容易剝落。

身體裡的鐵

聽過缺血要補鐵嗎？身體中有個地方富含鐵，那就是血液中的紅血球。紅血球由許多

氧化還原蹦出鐵鏽！

有個很簡單的實驗，可以看到亞鐵離子和鐵離子的變化。我們可以配一些棕色的鐵離子溶液，加入微量的鐵粉，再加入少量的維生素 C 攪拌，不一會兒就會發現棕色溶液慢慢變成非常淡的綠色，這是因為溶液中的鐵通通變成亞鐵離子了！

這些溶液如果一直放著，當維生素 C 消耗完畢，亞鐵離子會開始與氧反應，變回鐵離子，顏色慢慢回到棕色。耐心觀察，溶液中的鐵粉會全部慢慢變成紅棕色的鐵鏽！

▲三角燒瓶中裝入棕色的氧化鐵溶液與微量的鐵粉。然後加入維生素 C，靜置兩分鐘。

▲維生素 C 會讓溶液中的鐵離子變成淡綠色的亞鐵離子。亞鐵離子的顏色相當淡，要在量很大時才看得出來。

▲維生素 C 消耗完後，亞鐵離子開始與氧反應，變回鐵離子，顏色也慢慢變回棕色。照片是加入維生素 C 十小時後的樣子，瓶底已有鐵鏽出現。

◀日常生活中常可見到鐵鏽，但亞鐵離子其實也不難見到，就在透明玻璃裡。透明玻璃一般讓人覺得透明無色，但如果從側面看，卻能看到淺淺的綠，那便是亞鐵離子的顏色。

圖片來源：Shutterstock、高憲章／繪圖：Uncle Alvin

種不同功能的蛋白質組成，其中一種負責傳遞氧，稱為「血紅素」（hemoglobin），也稱血紅蛋白，在血液檢查中常可見到這個項目，簡寫成 Hb。血紅素中有四個特殊的活性中心，稱為「血基質」（heme），即接收與釋放氧分子的所在。

再進一步分析血基質可知，它是由亞鐵離子與普林環形成的錯合物（化合物中的一個類別）。當血液流入肺部，由於肺部遍布著微血管，可大量交換氣體，進入血液中的氧遇上紅血球後，與血紅素內血基質中的亞鐵離子結合，並隨著血液流至身體各處，再把氧從血紅素中釋放出來，供身體運用。這是人體內極為重要的一項生化反應，少了它，體內就會缺氧。有些遺傳性貧血症，正是因為血紅素蛋白質的結構異常，無法順利帶氧

所造成，如地中海型貧血症。

血基質與血紅素之間的結構關係非常神奇有趣，血紅素把血基質包覆在內，並形成特殊通道，這個通道只容許特定大小的分子通過。另外，血基質具有普林環，就像個大大的圓盤保護著中間的亞鐵離子。這些結構設計可避免亞鐵離子與血液中的眾多分子結合並發生反應，而只會接觸到少數特定分子。

血紅素的形狀在有氧和無氧的狀況下有所不同。無氧時，普林環會有點凹陷，將亞鐵藏在裡頭，一旦需要跟氧結合時，亞鐵離子會突出普林環保護的平面，與氧分子結合。這個結構上的改變會影響到外側的蛋白質，彷彿連鎖反應的開關一樣，當血紅素中的其中一個血基質與氧分子結合，另外三個血基質的結構也會跟著改變，讓其中的亞鐵離子

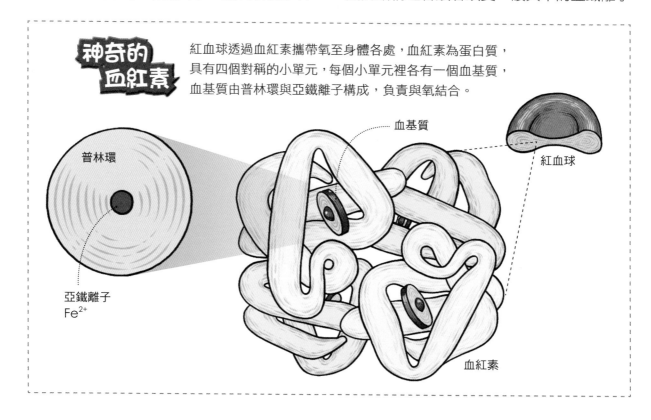

神奇的血紅素

紅血球透過血紅素攜帶氧至身體各處，血紅素為蛋白質，具有四個對稱的小單元，每個小單元裡各有一個血基質，血基質由普林環與亞鐵離子構成，負責與氧結合。

普林環

血基質

紅血球

亞鐵離子
Fe^{2+}

血紅素

更容易與氧反應，於是一個、兩個、三個、四個，血紅素很快結合滿四個氧分子，並隨著紅血球到身體四處工作。相反的，當一個氧分子離開，也會刺激血紅素釋出其他氧分子——這種連鎖反應現象有個特殊的專有名詞，叫做「協同效應」。

一氧化碳與氰化物中毒

除了氧分子，還有其他分子也可以通過血紅素結構把關的通道，取代氧分子和亞鐵離子結合，包括一氧化碳、二氧化碳和氰離子，這三種分子的構造都和氧氣非常像，大小也差不多，所以由蛋白質構造所架構的防線，無法阻擋這三種分子與血基質裡的亞鐵結合。其中一氧化碳和氰離子甚至對血基質有著致命的破壞力。

原本，亞鐵離子與氧之間的反應是有借有還，當亞鐵和氧結合時會向氧借電子，當氧離開時，則把借來的電子還回去；但亞鐵與一氧化碳或氰離子之間的反應，卻不只有亞鐵會借電子，一氧化碳和氰離子也會搶亞鐵的電子，這使得亞鐵離子和一氧化碳及氰離子糾纏不清，一旦發生反應，彼此就不容易分開。由於一氧化碳或氰離子和亞鐵會結合得很緊密，將使血基質失去活性而無法

▲想補鐵，可食用魚、肉、蛋、海鮮等含鐵豐富的食物，但其實蔬菜也是重要的鐵質來源，如圖中的紅莧菜和紫菜，含鐵量甚至比牛肉還高！

與氧作用，進而抑制體內的呼吸作用和氧的傳遞，造成中毒死亡。這種反應很難逆向進行，所以要特別注意安全，免得發生意外！

失血補鐵

我們鐵內的血紅素會消耗，除了出血導致血紅素流失，紅血球本身也有壽命。老化的紅血球會在肝臟分解，釋出普林環和亞鐵離子。鐵儲存在肝臟、脾臟及骨髓中，等待身體重新合成新鮮的血紅素。

不過，合成血紅素所需的原料除了鐵，還有另一個很重要的成分——維生素 B_{12}，如果缺少這些原料，身體內的血基質很快就會不足。所以我們需要均衡攝取含有鐵質和維生素 B_{12} 的各種食物，好讓身體有充足的原料製造血紅素！ 科

圖片來源：Shutterstock　繪圖：楊綠早、Uncle Alvin

作者簡介

高憲章　淡江大學理學院科學教育中心執行長，同時負責化學下鄉活動，跟著行動化學車全臺跑透透，經由各種化學實驗與全臺各地的國中生分享化學的趣味與驚奇。個子很高，是名符其實的「高博士」。

鐵定很重要

國中理化教師　黃冠英

主題導覽

　　鐵在自然界中大都以氧化物狀態存在，因此需要冶煉，將氧化物還原成鐵元素，再製成日常用品。此外，鐵也會以離子形態存在於物質及人體血液中，這些鐵離子所形成的構造及顏色彼此有所不同。

　　〈鐵定很重要〉介紹了鐵為何容易形成鐵鏽——這與原子層面的電子分布有關，另外也詳細說明了體內血紅素如何與氧結合，讓氧可運送到全身各處。閱讀完文章後，可透過「延伸知識」了解生鐵、熟鐵、鋼的差別，幫助你更加認識日常生活中有關鐵的應用；另外藉由紅血球的構造，以及它的老化與新生等資訊，可協助你更熟悉體內氧氣的運送。

關鍵字短文

　　〈鐵定很重要〉文章中提到許多重要的字詞，試著列出幾個你認為最重要的關鍵字，並以一小段文字，將這些關鍵字全部串連起來。例如：

關鍵字：1. 亞鐵離子　2. 血紅素　3. 普林環　4. 協同效應　5. 一氧化碳

短文：血液的紅血球中有血紅素，血紅素內有四個活性中心，內有由普林環構造包圍的亞鐵離子。有氧時，亞鐵離子會突出普林環平面來與氧分子結合，這種結構上的改變會產生協同效應，讓其他氧分子更容易與其他三個亞鐵離子結合，使紅血球可把氧分子攜帶到全身各處。但若有一氧化碳存在，一氧化碳分子會與亞鐵離子緊緊結合，導致血紅素無法再運送氧分子，造成人體缺氧死亡。

關鍵字：1.＿＿＿＿　2.＿＿＿＿　3.＿＿＿＿　4.＿＿＿＿　5.＿＿＿＿

短文：＿＿＿＿＿＿＿＿＿＿＿＿＿＿＿＿＿＿＿＿＿＿

＿＿＿＿＿＿＿＿＿＿＿＿＿＿＿＿＿＿＿＿＿＿＿＿

＿＿＿＿＿＿＿＿＿＿＿＿＿＿＿＿＿＿＿＿＿＿＿＿

挑戰閱讀王

閱讀完〈鐵定很重要〉後，請你一起來挑戰以下題組。

答對就能得到👍，奪得 10 個以上，閱讀王就是你！加油！

☆西元前 1200 年左右，人類開始懂得使用鐵，至今鐵仍舊在生活中隨處可見，請
　判斷下列問題：

（　）1. 下列有關鐵的敘述，哪些正確？（多選題，答對可得到 1 個👍哦！）
　　　　①地殼中含量最多的金屬元素
　　　　②鐵礦中開採出來的鐵都以鐵元素存在
　　　　③銀白色金屬　④有延展性

（　）2. 從原始社會開始，人類日常生活器物逐漸演進，從石器演變成陶器、銅器、
　　　　鐵器，其中銅器的使用較鐵器更早，但為何留存下來的銅器較鐵器多？與
　　　　下列何者有關？（答對可得到 1 個👍哦！）
　　　　①溫度　②元素特性　③接觸面積　④密度大小

（　）3. 鐵的冶煉過程中，添加碳進行氧化還原反應而得到的合金，會因含碳量的
　　　　多寡而有不同的性質，請問下列三種鐵合金的含碳量多寡何者正確？（答
　　　　對可得到 1 個👍哦！）
　　　　①生鐵＞熟鐵＞鋼　②熟鐵＞生鐵＞鋼
　　　　③生鐵＞鋼＞熟鐵　④熟鐵＞鋼＞生鐵

☆日常生活中鐵的應用很廣，但鐵鏽實在惱人。有關鐵金屬原子與鐵鏽內部鐵離子
　的差異，試判斷下列問題：

（　）4. 鐵原子變成鐵離子（Fe^{3+}），請問是內部粒子如何變化？（答對可得到 1
　　　　個👍哦！）
　　　　①得到 3 個質子　②失去 3 個質子
　　　　③得到 3 個電子　④失去 3 個電子

（　）5. 鐵的原子序為 26，質量數為 56，請根據科學常識，判斷亞鐵離子（Fe^{2+}）
　　　　有幾個中子？（答對可得到 2 個👍哦！）

①24　②26　③30　④32

（　　）6.在鐵離子溶液中加入微量的鐵粉，再加入少量的維生素 C 攪拌後，可以觀
　　　　察到溶液顏色如何變化？（答對可得到 1 個👍哦！）

①紅棕色→淡綠色　②淡綠色→紅棕色

③無色→紅棕色　④無色→淡綠色

☆紅血球內部的鐵錯合物可以與氧結合，並將氧運送至全身各處，是體內重要的生
　化反應，請判斷下列問題：

（　　）7.紅血球內部有一種稱為血紅素的蛋白質，負責傳遞氧氣，請問它的構造中
　　　　具有幾個特殊的活性中心？（答對可得到 2 個👍哦！）

①1 個　②2 個　③3 個　④4 個

（　　）8.血基質具有以下哪兩個構造？（答對可得到 1 個👍哦！）

①鐵原子、普林環　②亞鐵離子、普林環

③鐵離子、普林環　④血紅素、普林環

（　　）9.以下哪些氣體容易與血紅素上的亞鐵結合？（多選題，答對可得到 2 個👍
　　　　哦！）

①一氧化碳　②二氧化碳　③氮氣　④氫氣

（　　）10.老化的紅血球會在肝臟分解，分解後的鐵儲存在體內，等待重新合成新的
　　　　血紅素，但除了鐵以外，還需要何種原料？（答對可得到 1 個👍哦！）

①維生素 A　②維生素 B_{12}　③維生素 C　④維生素 E

延伸知識

1. 生鐵、熟鐵、鋼：

	生鐵	熟鐵	鋼
含碳量	2%以上	0.05%以下	0.05～2%
性質	堅硬、脆	質地軟、延展性高	可依據用途添加不同元素，例如：不鏽鋼添加了「鉻」元素可增加防鏽力。
別稱	鑄鐵	鍛鐵	
用途	鐵鍋	鐵絲	

2. **紅血球**：血液中含有血球及血漿，其中紅血球是血液中最豐富的細胞類型，主要功能是將氧運輸到體內細胞，並將二氧化碳輸送到肺部。紅血球為雙凹盤狀，細胞表面的兩側向內彎曲，這樣的形狀有助於紅血球通過細微的血管，將氧輸送到各個器官和組織。此外，雙凹狀的外形也使紅血球具有較大的表面積，有利於氣體交換。

▲血液中常見的血球，由左至右依序為紅血球、血小板、白血球。

3. **地殼中含量最多的元素**：鐵為地殼中含量第四多的元素，排名在氧、矽、鋁之後。前四大元素含量的百分比估計值如下：

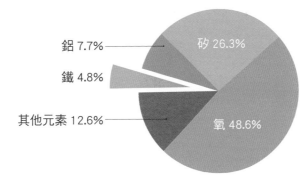

鋁 7.7%

鐵 4.8%

其他元素 12.6%

矽 26.3%

氧 48.6%

注：數據可能因資料來源及估計方式不同而有差異

延伸思考

1. 找找看，日常生活中有哪些物品是鐵製品？是否容易生鏽？為了預防生鏽，可以採取什麼防護措施？

2. 紅血球的平均壽命大約三個月，請利用網路資源查詢紅血球老化與生成的過程，以及如何補充營養，幫助體內製造紅血球？

3. 葉綠素由普林環圍繞著鎂離子所形成，而血紅素內活性中心的構造，是由普林環圍繞著亞鐵離子所形成。普林也稱卟啉（porphyrin），請查詢何謂普林環？

圖片來源：Shutterstock；繪圖：曾建華

磁力砲彈發射！

吸引＋碰撞＝加速，好快的砲彈！
但磁力的作用有這麼大嗎？和牛頓擺又有什麼關係？
原來，一切都是因為能量在轉移！

撰文、攝影／何莉芳

市面上有一種有趣的科學玩具——磁力槍，只要在一側輕輕放入一顆小鋼珠，立刻會見到鋼珠迅速由另一側的槍口射出，速度之快甚至能擊倒寶特瓶！看到這麼奇妙的玩具，不禁讓人好奇裡面有什麼樣的設計，竟能讓鋼珠加速向前衝？其中有什麼玄機？為什麼小鋼珠的速度可以在一瞬間變得這麼快？

一般認知中的加速裝置，通常是利用橡皮筋或彈簧的彈力，或是透過火藥爆炸產生的能量，再不然就是先進的電磁裝置。但拆開磁力槍後，我們發現裡頭其實沒有彈簧、沒有通電，只有一些磁鐵與鋼珠。這樣的組合為什麼足以產生這麼大的力量？透過這次的動手做，讓我們一步一步製作磁力加速器，並感受吸引與碰撞所產生的神奇加速效果！

小鋼珠，衝呀！

利用強力磁鐵與鋼珠，可製作出神奇的磁力加速器，讓小鋼珠咻的飛出去！

小鋼珠發射速度相當快，建議使用紙杯擋住射出的小鋼珠。強力磁鐵吸在一起時的碰撞力道也很大，小心避免手指被磁鐵夾傷。經過多次強烈碰撞後，強力磁鐵容易產生磁力降低的情況，必要時需要更換。

實驗材料
強力磁鐵 2～4 個、鋼珠（數量為磁鐵的兩倍以上，直徑大約與磁鐵相同）、剪刀、膠帶、電線壓條（做為軌道）。

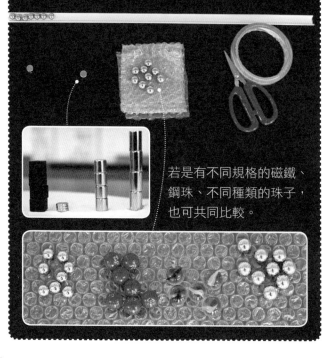

若是有不同規格的磁鐵、鋼珠、不同種類的珠子，也可共同比較。

鋼珠磁鐵的吸引與碰撞

① 用膠帶將強力磁鐵固定在軌道上，在磁鐵左側放一顆鋼珠。以竹筷阻擋鋼珠，調整鋼珠與磁鐵間的距離遠近，觀察移開竹筷時鋼珠的運動，找出能使鋼珠剛好被強力磁鐵吸引並移動的合適位置，做為後續實驗中釋放鋼珠的點。規格不同的磁鐵與鋼珠，位置也會不一樣。

② 本實驗的釋放距離約 3 公分。在磁鐵右側吸附一顆鋼珠（以藍色標記），並在左側的釋放點放置另一顆鋼珠（以紅色標記）。鬆開竹筷，當紅色鋼珠受磁力吸引撞擊磁鐵後，藍色鋼珠會產生怎麼樣的變化？

3cm

圖片來源：Shutterstock．．繪圖：．曾建華

3 改在強力磁鐵右側吸附兩顆鋼珠，重複上述步驟，當紅色鋼珠撞擊磁鐵後，藍色鋼珠的運動變化跟步驟 2 有什麼不同？仔細觀察並比較鋼珠碰撞磁鐵之前與之後各鋼珠的位置變化。

4 把磁鐵右側的鋼珠數目增加到三顆、四顆……等，藍色鋼珠右移的速度會有什麼變化？

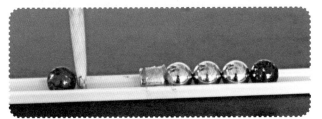

5 把磁鐵右側的鋼珠換成彈珠，碰撞後彈珠的狀態變化與鋼珠有何不同？

6 多加一個磁鐵，並在這兩顆磁鐵右側放置兩顆鋼珠，把結果與一個磁鐵的狀態相比，鋼珠的發射速度是否變快？想一想，兩個磁鐵吸在一起時，磁力會變成兩倍嗎？

磁力加速器

4~5cm

7 將兩個強力磁鐵以磁極相吸的方向，固定在軌道上不同位置，約相距 4～5 公分，磁鐵右側各放兩顆鋼珠。當紅色鋼珠釋放時，會發生什麼事？改變磁鐵間的距離再試一次，觀察並比較鋼珠射出的速度。

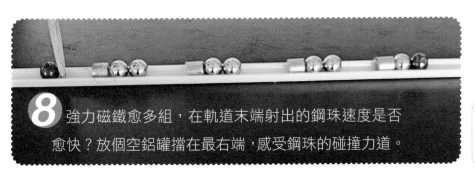

8 強力磁鐵愈多組，在軌道末端射出的鋼珠速度是否愈快？放個空鋁罐擋在最右端，感受鋼珠的碰撞力道。

掃描觀賞
磁力砲彈
實境秀

為什麼能加速、加速、再加速？

　　磁力槍利用的原理包括：磁力、碰撞，以及能量轉移。磁鐵左側原本靜止的鋼珠受磁鐵吸引而加速，在撞擊到磁鐵後停止，並將能量轉移給吸附在磁鐵右端最外側的鋼珠，使鋼珠彈射出去。接著，鋼珠受到第二個磁鐵吸引再度加速，依此類推，透過鋼珠連續的加速、碰撞、能量轉移……，最後當軌道最末端的鋼珠射出時，速度會變得比第一顆快很多。

　　強力磁鐵旁至少要放兩顆鋼珠，才能讓末端的鋼珠加速彈射而出。因為只放一顆鋼珠時，磁力大於碰撞力量，鋼珠並不會彈出。放兩顆鋼珠時，最右側的鋼珠離磁鐵較遠，受到的磁力較弱，所以撞擊力大於磁力，使鋼珠帶著速度脫離。單個磁鐵的磁力較弱，串聯多個磁鐵可使磁力增加，但由於磁鐵重

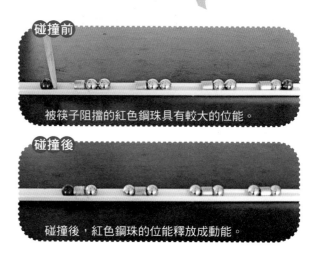

碰撞前
被筷子阻擋的紅色鋼珠具有較大的位能。

碰撞後
碰撞後，紅色鋼珠的位能釋放成動能。

量增加，反倒可能使撞上磁鐵的鋼珠微微反彈，力量因而無法有效往右傳遞。磁鐵右側若放置彈珠，雖然也可被擊發，但彈珠不受磁鐵吸引，無法以多組磁鐵連續加速。

　　碰撞前，整個系統具有較大的位能，碰撞後將位能釋放、轉成鋼珠的動能，每經過一次加速，射出鋼珠的動能都比原先更大。不過，碰撞過程中也有能量耗損，並不是有幾組磁鐵，動能就增加幾倍。

1 軌道左端靜止而後釋放的鋼珠1，受到磁鐵A的磁力吸引，因此加速衝向磁鐵A。

初速度＝0　　吸引鋼珠1加速

2 鋼珠1撞擊磁鐵A後停止，將能量轉移給吸附在磁鐵A右端的鋼珠2。
鋼珠2射出並受磁鐵B吸引，再度加速。

碰撞能量轉移給鋼珠2

初速度＞0　　吸引鋼珠2再加速

3 鋼珠2撞擊磁鐵B後停止，並將能量轉移給鋼珠3，使鋼珠3以更高的速度擊發。

碰撞能量轉移給鋼珠3　　以更高的速度射出！

圖片來源：Shutterstock；繪圖：黃榆儒、曾建華

鋼珠撞擊磁鐵時，為什麼另一側只會有一顆鋼珠射出呢？我們用牛頓擺來說明。

牛頓擺是一種有趣的設計，由數顆（大多是五顆）並排懸吊的鋼珠組成。拿起牛頓擺最左邊的鋼珠，然後鬆手，使它自然撞擊其他鋼珠，這時只有最右邊的鋼珠會以同樣的速度擺盪起來，中間幾顆鋼珠保持不動。

牛頓擺可以解釋彈性碰撞與動量守恆，在沒有外力作用下，整個系統撞擊前後的動量會保持不變。但這種裝置的製作必須十分精確，所有鋼珠的質心得位在同一條線上，能量才能完全傳遞。當最左側的鋼珠撞擊其他鋼珠時，動量會完全傳遞給最右側的鋼珠，所以只有這顆鋼珠以相同速度彈起。但提起的鋼珠若是兩顆，另一側也會有兩顆鋼珠彈起；若總共有五顆鋼珠，提起三顆鋼珠往前碰撞時，其中兩顆會停止，另一顆連同右側的兩顆——即總共有三顆鋼珠會盪起來。

試著將磁力加速器懸掛成類似牛頓擺的裝置：當最左側的鋼珠落下時，除了重力位能

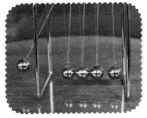

▲拿起最左邊的鋼珠，鬆手讓它自然撞擊後，最右邊的鋼珠會彈起。

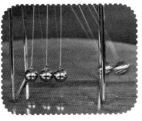

▲如果一次拿起兩顆鋼珠，右邊彈起的也會是兩顆鋼珠。

轉變成動能之外，強力磁鐵還會吸引鋼珠加速，使能量比原先更大，因此最右側的鋼珠會彈得比原先的更高。整組裝置的總能量好像增加了？但別忘了，能量不會憑空增加，而是我們在準備鋼珠與磁鐵的排列時，拔開磁鐵與鋼珠的過程給予了系統能量。這些能量被儲存起來，直到我們鬆手放開鋼珠時，再度釋放出來。㊣

▶將磁鐵與鋼珠排列並懸掛，做成類似牛頓擺的模樣（左）。拉起最左側的鋼珠並鬆手（中），右側的鋼珠會彈得比原先更高（右）。

作者簡介

何莉芳　臺中市福科國中老師，喜歡從生活中找尋實驗題材，讓學生有玩不完的 DIY 實驗，並且將實驗的精采過程記錄在「zfang の科學小玩意」部落格。

磁力砲彈發射！

國中理化教師　李冠潔

主題導覽

　　自然界的能量包括多種形式，有電能、熱能、化學能、力學能……等等，而且能量之間可互相轉換，例如：水力發電是利用水的位能轉換成動能，再發電轉變成電能；日常中的電器用品，則是利用電能轉變成其他形式的能量，如烤箱、暖爐是將電能轉為熱能，燈泡是將電能轉成光能。

　　能量之間的轉換十分常見，即使僅僅簡單的舉起手邊的一個物體，再放手讓它自由墜落，物體的位能也會變成動能；如果被落下的物體砸中，會感到痛，這是因為能量轉移給了人體。動位能之間的轉換非常普遍，透過這篇文章可以進一步了解。「延伸知識」中則介紹了力的作用。

關鍵字短文

　　〈磁力砲彈發射！〉文章中提到許多重要的字詞，試著列出幾個你認為最重要的關鍵字，並以一小段文字，將這些關鍵字全部串連起來。例如：

關鍵字：1. 磁力　2. 碰撞　3. 能量轉移　4. 位能　5. 動能

短文：磁力砲彈利用能量的轉移，來增加小鋼珠的速度，當中運用到磁力及力學能守恆（動位能轉換），將小鋼珠原本的位能轉成了動能。經過碰撞，小鋼珠的動能會依序累加並傳遞出去，能量增加之後，小鋼珠可獲得比原本更大的動能，並像炮彈一樣發射出去！

關鍵字：1.＿＿＿＿　2.＿＿＿＿　3.＿＿＿＿　4.＿＿＿＿　5.＿＿＿＿

短文：＿＿＿＿＿＿＿＿＿＿＿＿＿＿＿＿＿＿＿＿＿＿＿＿＿＿＿＿＿＿＿＿＿＿

＿＿＿＿＿＿＿＿＿＿＿＿＿＿＿＿＿＿＿＿＿＿＿＿＿＿＿＿＿＿＿＿＿＿＿＿

＿＿＿＿＿＿＿＿＿＿＿＿＿＿＿＿＿＿＿＿＿＿＿＿＿＿＿＿＿＿＿＿＿＿＿＿

＿＿＿＿＿＿＿＿＿＿＿＿＿＿＿＿＿＿＿＿＿＿＿＿＿＿＿＿＿＿＿＿＿＿＿＿

挑戰閱讀王

閱讀完〈磁力砲彈發射！〉後，請你一起來挑戰以下題組。

答對就能得到👍，奪得 10 個以上，閱讀王就是你！加油！

☆磁鐵具有磁性，能夠吸引含有鐵、鈷、鎳等原子的磁性材料，而磁鐵對磁性材料的作用力稱為磁力。磁鐵分為 N 極和 S 極，同名極相斥，異名極相吸，所以磁力包括吸力和斥力兩種。磁力可將磁性物質磁化，也就是讓原本沒有磁性的材料產生磁性，且接觸的一端會產生異名極相吸。

磁力是一種超距力，意即不需要接觸就能對物體產生影響，因此就算保持一段距離也能影響磁性物質，且距離愈近磁力愈大。當磁力變大，物體受吸引而移動的速度會變快，增加動能。所以磁力砲彈的原理是：當磁性材料受磁鐵吸引而靠近，會產生動能，經過碰撞使能量累加並傳出，最後使鋼珠高速飛射出去，就像是被火藥加速的槍砲彈藥一樣。

( )1.磁鐵能讓含有磁性物質的物體產生磁化現象，進而相吸或相斥。右圖中，磁鐵將原本無磁性的鐵釘磁化後互相吸引，關於圖中被吸住的鐵釘，乙處和尖端甲處的磁極，下列描述何者正確？（答對可得到 2 個👍哦！）

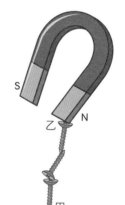

①乙被磁鐵 N 極感應出 N 極

②甲被磁鐵 N 極感應出 N 極

③乙被磁鐵 S 極感應出 N 極

④甲被磁鐵 S 極感應出 N 極

( )2.磁力是一種超距力，不需要接觸就能影響物體。想想看：下列哪個不是超距力？（答對可得到 1 個👍哦！）

①空氣浮力　②地球重力　③磁鐵磁力　④摩擦產生的靜電力

( )3.關於磁力的敘述，下列何者錯誤？（答對可得到 1 個👍哦！）

①磁力是一種超距力　②距離愈近磁力愈強

③磁力可相吸也可相斥　④磁鐵能吸引任何的金屬

( )4.下列關於磁力砲彈的敘述，何者錯誤？（答對可得到 1 個👍哦！）

①磁力砲彈是利用磁力來加速的構造

②小鋼珠或彈珠都可當做磁力砲彈的材料

③速度愈快動能會愈大

④磁力砲彈是利用能量轉換的原理來加速

☆自然界的一切可分為物質與能量：物質有體積、有質量、可以觸摸；能量不具有體積和質量，但依然感覺得到它們的存在，例如：聲音、光線、動能、位能、電能⋯⋯等等，都是生活中能量的實例。

能量可互相轉換或傳遞累積，雖然抽象，但卻可觀察，例如動能就是物體有速度時所具備的能量，速度愈快動能也愈大，且動能可轉換成位能儲存起來，像是盪鞦韆時，從中間的最低點往前或往後盪到最高點時，瞬間速度變為零，動能也是零，但能量並沒有消失，而是轉變成位能儲存起來。當下一瞬間鞦韆從最高點開始下降，速度會愈來愈快，因為儲存的位能又轉換成動能釋放出來⋯⋯如此周而復始。如果沒有空氣阻力或摩擦力的損耗，根據能量守恆定律，鞦韆會一直擺盪，不會停止！請試著回答下列相關問題：

（　）5.根據能量和物質的定義，試判斷下列何者與能量無關？（答對可得到 1 個👍哦！）

①筷子插入水中感覺斷掉了

②利用太陽光生火

③聲音震碎玻璃

（　）6.下列哪些劃線部分屬於「物質」？（答對可得到 1 個👍哦！）

①傳入耳朵的聲音　②可發出紫外光的消毒燈

③充滿空氣的氣球　④帶有靜電的毛衣

（　）7.關於能量的轉換敘述，何者不合理？（答對可得到 2 個👍哦！）

①能量可經由不同的形式互相轉換

②能量不論以何種形式轉換，都會遵守能量守恆定律

③現實生活中，能量可以百分之百轉換

④電能是生活中非常普遍且實用的能量

☆磁力槍又稱高斯槍，是使用磁力來增加射擊力道的裝置。高斯是磁場的單位，也是為了紀念德國數學家高斯（Johann Gauss）而命名。高斯槍的做法是將小鋼珠排列好，再利用磁力吸引小鋼珠移動並加速。根據牛頓第二運動定律 F=ma，受外力吸引的小鋼珠會產生加速度，使速度不斷增加，加速後的小鋼珠動能跟著增加，並因為力學能守恆，小鋼珠的位能轉變成動能。依照動量守恆，小鋼珠撞擊磁鐵後，會將動能傳遞給下一個小鋼珠，經過多次累加之後，最後的小鋼球就可以高速噴射出去（如下圖 1 和 2）。牛頓擺也是遵守動量守恆的裝置之一。請根據文章回答下列問題：

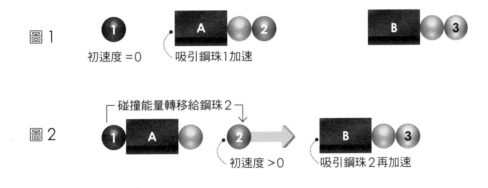

圖1　初速度 =0　　吸引鋼珠1加速

圖2　碰撞能量轉移給鋼珠2　初速度 >0　吸引鋼珠2再加速

（　　）8.高斯槍不包含哪種原理？（答對可得到 1 個👍哦！）

　　　　①力學守恆　②動量守恆　③牛頓第二運動定律　④萬有引力定律

（　　）9.請根據前面的文章與上述文章，判斷下列敘述何者錯誤。（答對可得到 1 個👍哦！）

　　　　①磁力砲不需要受任何力就可將鋼珠加速後射出

　　　　②位能能夠轉換成其他能量

　　　　③物體碰撞後會將能量傳遞出去

　　　　④生活周遭的物體受到外力時會改變運動狀態

延伸知識

力的作用：日常生活中，無處不受到力的作用，不論是走路、拿取東西時受到的摩擦力，或是此時此刻正影響我們的地球重力，亦或是在液體中受到的浮力……。即使生活周遭有這麼多的力，但其實「力」並不是一種物質或能量，而是科學家根據

繪圖：黃榆儒

物體受力時造成的影響，所提出的一種概念。物體一旦受力，會發生運動狀態的改變，例如變快、變慢，或發生形態上的改變，例如壓扁、拉長……等等，都是物體受力之後的表現。若物體沒有受力，或是所受的合力為零，靜止的物體會一直保持靜止，運動中的物體也不會改變運動方式，這就是牛頓第一運動定律，又稱為「慣性定律」。

延伸思考

1. 含有鐵、鈷、鎳的物質容易被磁化，查查看：新臺幣的一元、五元和十元各是什麼材質？如果含有鐵或鎳，可拿出磁鐵來吸吸看，能磁化它們嗎？如果家裡有其他國家的硬幣，也不妨試試，說不定有的可以被磁鐵吸引喔！

2. 力依照特性可分為超距力和接觸力，這兩種不同類型的力各包含了哪些種類呢？請試著舉例看看。力的種類不同，對物體的影響是否會因而改變呢？試著說明其中的原因。

3. 除了火藥和磁鐵之外，還有什麼動力也可以做為加速器？試著查查看，火藥發明以前的武器有哪些？可能運用什麼原理？

創意滿點

指南針

圖片來源：Shutterstock

**分不清東南西北時，
不如自己來做一個指南針吧！
不僅簡單好做，還可以加上自己的創意，
做成獨一無二的作品。**

撰文、攝影／何莉芳

在野外露營，常常會東西南北傻傻分不清楚，有什麼方法可以幫助我們辨認方向呢？觀察太陽的位置變化是不錯的主意，但若看不見太陽，最方便可靠的應該還是指南針了。

雖然叫做指南針，不過現在的設計大都是指向北方！只是南北為相反方向，知道了其中一個方向，另一個方向也就自然得知。但為什麼指南針會指向南北方呢？其中有什麼神祕的力量牽引著它？這些疑問，愛因斯坦小時候也曾想過。愛因斯坦五歲時，父親送了一個指南針給他。而愛因斯坦驚奇的發現，不管怎麼轉動，指南針都會指向同一個方向，似乎被某種看不見的力量牽引著。他相信大自然背後，隱藏著人類無法看見、但卻令人驚奇的力量。後來，愛因斯坦為了要解開大自然的祕密，尋找那股力量，努力從事科學研究，最終成為偉大的科學家。

小小的指南針，引發了愛因斯坦一生對科學的好奇與探索，是否也帶給你什麼啟發？這次就讓我們一起做個指南針，親身體會自然與科學的奧祕。

指南針 漂呀漂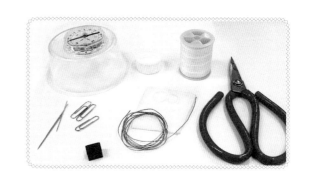

　　利用針線及磁鐵就能自製指南針，重點在於讓針磁化，並可任意隨著地磁轉動。發揮創意，創作自己專屬的指南針！

實驗材料
縫衣針或迴紋針、縫衣線、金屬線（例如銅線）、塑膠盒、珍珠板或塑膠片、寶特瓶蓋、剪刀。

 漂漂指南針

1 　　將磁鐵在縫衣針上摩擦數次，必須沿著同一方向摩擦，不可來回。

2 　　試著將摩擦後的鋼針碰觸另一根針，若是吸得住，代表鋼針已經磁化。

3 　　改用銅線來試試，銅線能磁化嗎？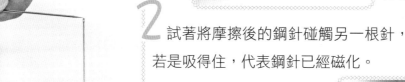

4 　　將磁化的針放在桌上，隨意調整方向，觀察它是否能自動旋轉？

5 　　讓磁化的鋼針浮在水面上，仔細觀察水與磁針交界處。稍微擾動水面，觀察磁針是否會指著固定方向。

6 　　用珍珠板剪出箭頭與箭尾造型，分別穿過磁針頭尾兩端。觀察磁針是否順利漂浮，以及它在水面上的運動。跟指南針比對，磁針是否指向南北極。

7 　　利用珍珠板多做一組漂浮指南針，放在同一水面上，觀察它們是否會互相影響。

圖片來源∷Shutterstock∷繪圖∷曾建華

五花八門的指南針

8 除了漂在水面上的指南針以外，也可以把磁針懸吊起來，做成指南針。

  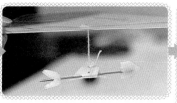 

懸吊式指南針：準備一個透明塑膠盒，在盒內標示東南西北四個方向。將磁針穿過一張小紙片，再將小紙片綁在細線上。把線頭黏貼在透明塑膠片上（要足夠蓋住盒子），讓磁針懸吊在盒內。

9 利用暗扣，可製作桌面式指南針。

桌面式指南針：將暗釦平坦的一面黏在磁化後的鋼針上，翻面後，把暗釦凸起的一面放置在標有東南西北的透明塑膠片上，讓磁針可自由轉動。

10 參考以下範例，發揮創意，做出更多有趣的指南針吧！

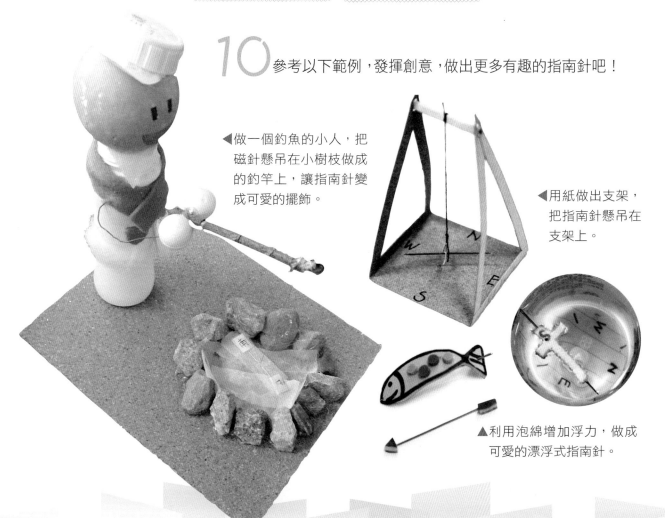

◀做一個釣魚的小人，把磁針懸吊在小樹枝做成的釣竿上，讓指南針變成可愛的擺飾。

◀用紙做出支架，把指南針懸吊在支架上。

▲利用泡綿增加浮力，做成可愛的漂浮式指南針。

磁針為什麼總是指向南與北？

能讓指南針指向南北方向的原因就是——地磁作用。地球本身具有磁性，就像一塊巨大磁鐵，吸引著磁化後的磁針。北方是地磁的 S 極，根據「異名極相吸，同名極相斥」的原理，磁針的 N 極會受地磁 S 極的吸引而指向北方，反之亦然。

不過，指南針指出的方向並不是地理上的南北極，而是地磁的南北極，兩者之間有些微差距，大約是夾 11 度角。

自製指南針的關鍵在於「磁化」與「降低摩擦力」。磁化是使沒有磁性的物體獲得磁性，最簡單的方法是用磁鐵沿著相同方向摩擦鋼針幾下，鋼針就能獲得磁性。並不是每種金屬都能磁化，只有鐵、鈷、鎳或含有這三種金屬的合金才能磁化。你可以先用磁鐵來測試，吸得住的就代表能夠磁化。這類可磁化的物質裡，彷彿含有許多磁性分子，在磁化之前，磁性分子是隨意排列，會彼此抵消，所以不具磁性。以磁鐵按照固定方向摩擦後，磁性分子會按相同方向整齊排列，於是就磁化了。

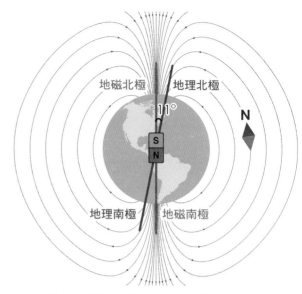

▲地球具有磁性，相當於一塊巨大磁鐵，北方是地磁的 S 極，南方是地磁的 N 極。指南針的 N 極會被地磁 S 極吸引而指向地磁北極，這個方向與地理北極的方向大約夾了 11 度角，叫「磁偏角」。

除了利用磁鐵摩擦之外，另一種磁化方法是使用電磁鐵。將導線繞成螺旋狀加以通電，然後將鋼針放入螺旋中，一段時間後就能將鋼針磁化。

另外，偏轉磁針的地磁作用力量其實很小，很容易被摩擦力抵消，如果把磁針直接放在桌面上，磁針並無法轉動。讓磁針浮在水面上或以細線懸吊，都是為了減少摩擦力，好讓磁針能隨著地磁作用自由轉動。

▲用磁鐵的 S 極摩擦鋼針，被摩擦的一端會磁化為 N 極（指向北方），另一端則為 S 極（指向南方）。

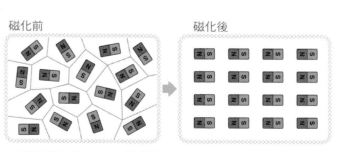

▲鋼針磁化前，內部的磁性分子是隨意排列（左）。但以磁鐵摩擦鋼針，會讓磁性分子的排列變整齊，鋼針就磁化了（右）。

圖片來源：達志影像（上）‧‧繪圖：黃榆儒、曾建華

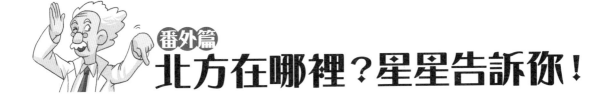

北方在哪裡？星星告訴你！

若是沒有指南針，還能運用什麼方法尋找北方呢？

如果是白天，可以利用太陽的位置變化，透過太陽東升西落的規則來找方向。假設你的右方為東，左方為西，則面對的方向就是北方。在北回歸線以北的地方，當正午影子最短時，太陽所在的方向就是南方，而相對的方向是北方。另外還可以利用手錶的時針與太陽來找方向：將時針對準太陽的方向，12 點鐘方向和時針之間夾角的角平分線方向，就是南方，反向延長就能找到北方。

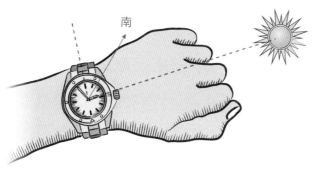

▲ 時針對準太陽，時針與 12 點之間夾角的角平分線，方向為南，反向為北。

若想在夜晚辨識方向，可觀察星星和月亮的東升西落，或是觀察北極星來找正北方。如果找不到北極星，可試著先找到北斗七星或仙后座，幫助判別。

趁著天氣晴朗，帶著自製的指南針，到戶外觀察太陽與星星吧！順便印證以上介紹的尋找北方的方法準不準！ 科

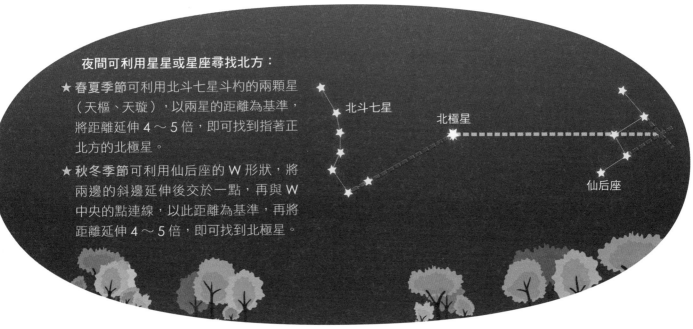

夜間可利用星星或星座尋找北方：

★ 春夏季節可利用北斗七星斗杓的兩顆星（天樞、天璇），以兩星的距離為基準，將距離延伸 4～5 倍，即可找到指著正北方的北極星。

★ 秋冬季節可利用仙后座的 W 形狀，將兩邊的斜邊延伸後交於一點，再與 W 中央的點連線，以此距離為基準，再將距離延伸 4～5 倍，即可找到北極星。

北斗七星　　北極星　　仙后座

作者簡介

何莉芳　臺中市福科國中老師，喜歡從生活中找尋實驗題材，讓學生有玩不完的 DIY 實驗，並且將實驗的精采過程記錄在「zfang の科學小玩意」部落格。

創意滿點指南針

國中理化教師　李冠潔

主題導覽

遠在戰國時期（西元前 400 多年），中國已記載使用「司南」為指示方向的工具。隨著時代演進，司南漸漸改良成現代的指南針，具有極輕的針尖及感受靈敏的磁極，也由於針和器具的接觸點極小，使磨擦力降低，因此能精準指出南北極。

不過，地磁北極並不等於通過自轉軸的地理北極，兩者位置相差了一千多公里。

地球之所以出現磁場，是因為地底有鎳、鐵等液態金屬流動，導致電流磁效應而在地球周圍形成磁場。地球磁場對生物的生存極其重要，史上曾發生過幾次生物大滅絕，據推測可能與地磁反轉有關。

閱讀完文章後，可利用「挑戰閱讀王」檢視自己的理解程度；「延伸知識」教你自製指南針，增進你對磁與電的應用。

關鍵字短文

〈創意滿點指南針〉文章中提到許多重要的字詞，試著列出幾個你認為最重要的關鍵字，並以一小段文字，將這些關鍵字全部串連起來。例如：

關鍵字： 1. 磁化　2. 摩擦力　3. 地磁北極　4. 地理北極　5. 鎳

短文： 將鋼針或含有鐵、鈷或鎳等三種金屬的合金細針磁化後，可製成簡易版的指南針。地球本身就像是一塊大磁鐵，一般磁鐵的 N 極，會指向位於地理北極附近的「地磁北極」。中國古代已用天然磁石製作指南針，放在石盤上指示方向，但這種傳統指南針摩擦力太大，容易出現偏差。後來改良成漂浮在水上的指南魚，減少摩擦力，再漸漸改良成今日方便攜帶的羅盤式指南針。

關鍵字：1.＿＿＿＿　2.＿＿＿＿　3.＿＿＿＿　4.＿＿＿＿　5.＿＿＿＿

短文：＿＿＿＿＿＿＿＿＿＿＿＿＿＿＿＿＿＿＿＿＿＿＿＿＿＿＿＿

＿＿＿＿＿＿＿＿＿＿＿＿＿＿＿＿＿＿＿＿＿＿＿＿＿＿＿＿＿＿

＿＿＿＿＿＿＿＿＿＿＿＿＿＿＿＿＿＿＿＿＿＿＿＿＿＿＿＿＿＿

挑戰閱讀王

閱讀完〈創意滿點指南針〉後，請你一起來挑戰以下題組。

答對就能得到👍，奪得 10 個以上，閱讀王就是你！加油！

☆地球約在 46 億年前誕生，當時還是一團火球，溫度極高，沒有任何生命能夠生存，經過好幾億年的冷卻後才出現了陸地。不過地球內部仍為熔融狀態，且因為地球自轉，金屬元素在地核內部不停循環流動。流動的金屬如同電流一樣，而根據電流磁效應原理，有電流就會產生磁場，於是地球周圍出現磁場，讓地球有如一塊大磁鐵。地磁

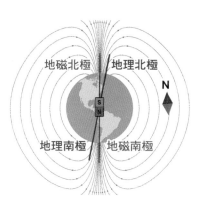

的北極能吸引磁針的 N 極，南極則吸引 S 極。根據同名極相吸、異名極相斥的性質，可推知地磁北極底下是磁鐵的 S 極，如圖所示。試根據文章回答下列問題：

（　）1. 地球產生磁場的原因，與下列哪一項較無關係？（答對可得到 1 個👍哦！）

　　　①地球表面有海洋和陸地　②地球中心仍是液態

　　　③地球自轉影響地核流動　④地球內部有大量的金屬物質

（　）2. 關於地球如何產生磁場，下列的哪個原理能夠提供解釋？（答對可得到 1 個👍哦！）

　　　①安培定律　②冷次定律　③電流磁效應　④電磁感應

（　）3. 指南針的 S 極指向地球南極附近，由此可知，南極地底下應是哪一極？（答對可得到 1 個👍哦！）

　　　①S 極　②N 極

（　）4. 關於地球磁場的敘述，下列何者正確？（答對可得到 1 個👍哦！）

　　　①地球像個大磁鐵，因此能吸引帶有磁性的磁針

　　　②地球的北邊是指南針磁針 S 極的指向

　　　③地球磁場只出現在南北兩極

　　　④如果地球停止轉動，地球磁場依然會存在

☆天然磁石是一種磁鐵礦，也就是鐵的化合物，以四氧化三鐵（Fe_3O_4）為主。由於地球本身是一個大磁鐵，鐵礦長期處在地球的磁場中，進而被磁化，形成天然的磁石。地殼中蘊藏許多金屬礦物，最多為鋁，其次才是鐵，但為何鋁無法變成磁石呢？因為只有少數材料能夠穩定磁化，如鐵、鈷和鎳……等金屬。不能被磁化的金屬，內部電子無法朝同一方向轉動，根據電流磁效應和安培右手定則可知：電流方向不同，磁場方向就會不同，因此就算產生磁場也容易相互抵消。當磁鐵受敲擊或遇到高溫時，分子排列會變得不整齊，容易使磁力消失。試根據文章，回答下列問題：

（　）5.下列何者是天然磁石的形成原因？（答對可得到 1 個👍哦！）

　　　　①日經月累被地球的磁場磁化

　　　　②埋藏在地層中的化石體內帶有磁性，而將磁鐵礦磁化

　　　　③鐵本身就是帶有磁性的金屬

　　　　④地殼中的鐵和鋁互相影響，使鐵磁性

（　）6.鐵能磁化，而其他金屬無法磁化，原因為何？（答對可得到 2 個👍哦！）

　　　　①因為鐵的活性在自然界中屬於最大，所以可磁化

　　　　②因鐵原子受磁力影響後，容易依磁場排列整齊

　　　　③因為一般金屬不能導電，只有鐵能導電

　　　　④因為鋁在土裡埋的深度不如鐵，所以不容易磁化

（　）7.關於磁鐵的敘述，下列何者正確？（答對可得到 2 個👍哦！）

　　　　①磁鐵的磁性永遠不會消失　②磁鐵只能在自然界中生成

　　　　③破壞磁鐵分子的排列方式會使磁性消失　④只有鐵能產生磁力

（　）8.地球產生磁鐵的原因，應與下列何者無關？（答對可得到 1 個👍哦！）

　　　　①電流磁效應　②安培右手定則　③萬有引力定律

☆地球的磁場除了可用來尋找方位，幫助人們遠行時不會迷失方向，對動物的定位也同等重要。有許多鳥類或動物有遷徙的習性，例如魚類、海龜等會洄游，但在廣大的自然界裡，牠們既沒有地圖，也沒有指南針，是如何辨別方位呢？科學家研究動物遷徙的路徑發現，動物向南或向北移動時，並不是朝向真正的地理北極

或南極前進，而是更偏向朝地磁北極或地磁南極。因此科學家推測：動物似乎具有磁感應的器官，就像內建了羅盤一樣，而空氣中看不見的磁力線，可指引動物前行，使牠們不致迷路。地球磁場還能抵擋太陽產生的帶電粒子和太空的輻射粒子，避免臭氧層受到破壞。其實，地球磁場扮演的角色比我們想的更重要！

( )9.地球的磁場具有下列哪些功能？（答對可得到 1 個👍哦！）

①保護地球免受宇宙輻射線干擾　②幫助動物遷徙

③指引磁針方向　④以上皆是

( )10.科學家為何推測動物是利用磁場辨別方位？（答對可得到 1 個👍哦！）

①動物會依循北極星的方向移動　②動物會圍繞在磁鐵周圍

③動物遷徙的路徑是朝向地磁南北　④動物遷徙的軌跡很隨機，並不固定

延伸知識

自製指南針：如果想尋找方位，身邊又沒有指南針，可以利用磁鐵自製一個。但若沒有現成的磁鐵，可以利用電池和電線，自製電磁鐵。電磁鐵的機制運用了「電流磁效應」的原理。將電線以單一方向纏繞成環形線圈，可增強磁力，若能纏繞在鐵棒上效果更好。將環形線圈通電後，根據安培右手定則，右手的四指順著電流方向彎起，大拇指的方向便是 N 極指向（如圖）。通電的線圈變成了電磁鐵，再拿鐵針放入螺形線圈中央，可讓鐵針磁化，變成帶有磁力的指南針！

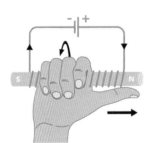

延伸思考

1. 地磁北極與地理北極實際上相差了一千多公里，請查查看：①地磁北極位在哪裡？②地磁北極是固定地點，或者會不停變動？

2. 雖然地球磁場看不到也摸不著，但地磁與我們的生活密切相關，也深深影響地球上的各種生物。試討論看看：如果地球不具有磁場，會發生哪些狀況？

3. 地球磁場在歷史上曾經翻轉過，也就是地磁北極變成地磁南極，並因此造成生物大滅絕，請查查看地磁翻轉的原因？以及為何會造成生物滅絕？

滴下去光水，保麗龍竟然溶解了！
不過，利用這個特性可以製作獨特的印章喔！

撰文、攝影／陳坦克

放假嘍！趁著放假時跟著家人一起去旅遊，或跟同學相約到處走走，每到一個美麗的景點，除了走走看看、吃吃美食，還可以拿著筆記本尋找可愛的紀念圖章，像是花蓮新城鄉的七星柴魚博物館，有好多優遊自在的小魚圖章；花蓮瑞穗鄉吉蒸牧場的圖章，有乳牛在泛舟的圖案；嘉義民雄鄉的鬼屋咖啡館，有好多小鬼在玩樂的圖章，全都非常具有代表性。

你也想製作自己的圖章嗎？其實利用保麗龍，可以雕刻出專屬的圖案印章，只是光想到使用美工刀切割保麗龍時那尖銳的摩擦聲，就令人覺得渾身不對勁，有沒有其他更好的辦法呢？

運用一個神奇的法寶──去光水，雕刻保麗龍，不但不會發出惱人的怪聲音，而且速度快到讓人覺得不可思議呢！

專屬於你的保麗龍印章

　　找找手邊的印章，仔細觀察上面的圖案，是凹進去或凸出來呢？相同的圖形，利用不同的技法，可以有不同的表現。

　　運用去光水，把不要的保麗龍部分去除吧！記得在通風良好的地方進行實驗！

實驗材料
A4 白紙、玻璃杯、白板筆、水彩筆、保麗龍（10cm×10cm×5cm）、條狀保麗龍數塊、消毒酒精、去光水、印臺。

▲由於去光水是易揮發的液體，不用時須關緊瓶蓋，每次只倒取少量，避免浪費與揮發。

 保麗龍溶掉了！

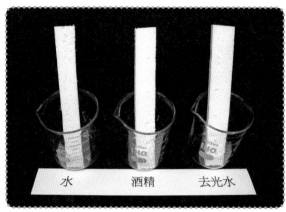

1　將以下三種溶液：水、消毒酒精（乙醇）、去光水，各取 20mL，分別裝入三個玻璃杯中，並分別放入細的保麗龍條。

2　靜置一段時間，觀察三種溶液中，有哪些會把保麗龍溶解掉。

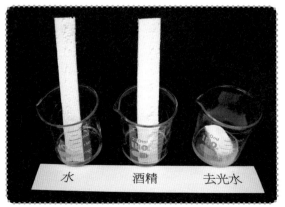

圖片來源：Shutterstock．繪圖：曾建華

動手做印章！

3 以白板筆在 A4 白紙上寫出想刻印的字或圖案，如「科」，翻面後可看到文字的鏡相。用白板筆將鏡相文字寫在保麗龍上，並將線條加粗。

4 在玻璃杯中倒入少量的去光水，拿一枝水彩筆準備雕刻。雕刻方式有陽刻和陰刻兩種。

 或

陽刻：將文字以外的空白部分刻掉，只留下文字部分，使文字凸出，稱為陽刻。

陰刻：將文字本身刻掉，留下文字周圍的空白部分，使文字凹陷，稱為陰刻。

5 雕刻完畢後仔細檢查文字是否完整。拿出印臺，蓋章嘍！

6 多雕刻幾個保麗龍印章，加以組合搭配，印出美麗的圖形，或組合出辭彙與句子吧！

 ➡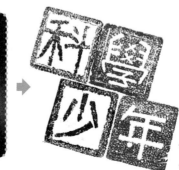

保麗龍是什麼？

保麗龍是以化學原料——聚苯乙烯（簡稱 PS）發泡製成的材料。早在 1839 年，一名德國藥劑師從楓香的樹脂中提煉出苯乙烯，到了 1920 年，德國化學家施陶丁格（Hermann Staudinger）發表利用熱處理的方式，將苯乙烯聚合成為聚苯乙烯的理論，這項劃時代的發明，讓施陶丁格在 1953 年榮獲諾貝爾化學獎。之後科學家又發現大量生產保麗龍的方法，使保麗龍開始出現在日常生活中。

保麗龍具有防水、隔熱、重量輕巧、質地堅固等特性，生活中常常用來保存需要存放在低溫環境下的食品，或用來防撞，這是因為保麗龍內部含有大量空氣，而這種特性，則是因為製造時採用發泡性聚苯乙烯（簡稱 EPS）的技術。

EPS 技術是指在聚苯乙烯中添加發泡劑（如丁烷），利用加熱及加壓的方式，使上述混合物達到發泡狀態而膨脹起來，其中 90％以上的體積是空氣，最後經過灌模、冷卻、烘乾、篩選等過程後，就成為市面上所看到的保麗龍了。

去光水含有丙酮與乙酸乙酯，兩種都是有機溶劑，在實驗中常用來溶解不溶於水的化學產物與汙垢。本實驗利用丙酮破壞保麗龍的發泡結構，再利用乙酸乙酯溶解聚苯乙烯，進而達到雕刻保麗龍的作用。

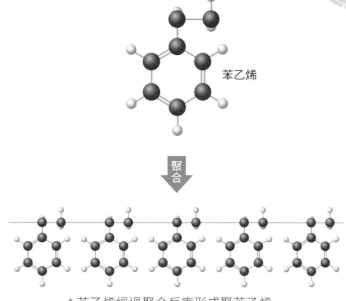

苯乙烯

聚合

▲苯乙烯經過聚合反應形成聚苯乙烯。

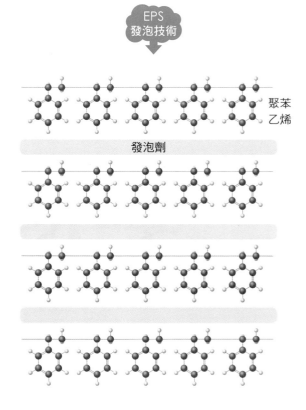

EPS 發泡技術

聚苯乙烯

發泡劑

▲聚苯乙烯經過 EPS 發泡技術，形成堅固的保麗龍。

圖片來源：達志影像、Shutterstock；繪圖：曾建華

保麗龍裝熱桔茶？

在冷冷的冬天來一杯熱桔茶，能夠暖和身體，也可以適量補充維生素 C，不過如果為了保溫而將熱桔茶裝在保麗龍杯中，那可是很危險的。

柑橘類水果，如橘子、柳橙、檸檬、葡萄柚，果皮中含有 90％以上的檸烯，可萃取出來製作成香精油。柑橘類水果散發出的香味，就是檸烯分子的氣味。檸烯可用來當做溶劑，也能溶解保麗龍。就讓我們來試試看，柑橘類的果皮溶解保麗龍的威力！從下圖中的實驗過程可知，檸烯溶解保麗龍的效果很好，因此下次喝熱桔茶時‧記得不要用保麗龍杯，改用陶瓷保溫杯比較安全。

另外，日本早在 1999 年，就開發出一種可用來回收保麗龍的保麗龍收縮油，原料正是萃取自葡萄柚的果皮，再添加一些特殊配方。這種收縮油可將保麗龍的體積縮減到原來的 2％，大大降低回收時的體積。

保麗龍雖然方便好用，但用完之後的處理卻是很大的問題，如果隨手亂丟，保麗龍可以埋在土裡千年都不腐壞，甚至造成嚴重的生態環境破壞。曾有海龜誤食保麗龍，因為保麗龍具有強大的浮力，使得海龜無法潛入海中尋找食物，再加上保麗龍阻塞了海龜的消化道，最後竟使可憐的海龜浮在海面上活活餓死……

在享受科技的便利之際，千萬不要忘記環保，垃圾要分類回收，好好處理！ 🈹

▲取數顆柑橘類水果的果皮，放入果汁機中，加入少許酒精後打成果皮碎泥。過濾後，收集萃取出的果皮溶液。

▲將一小塊保麗龍丟進果皮溶液中。

▲等待十分鐘後將保麗龍取出，觀察保麗龍的狀態。

作者簡介

陳坦克　從事科學教育工作，曾任國立臺灣科學教育館實驗課程講師、淡江大學「化學遊樂趣」活動企劃，利用趣味性十足的科學實驗說明艱深難懂的科學知識。

保麗龍印章

國中理化教師　李冠潔

主題導覽

　　有機化合物種類繁多，但都含有碳原子，而碳原子與其他原子的連接方式，則決定了有機化合物的種類與性質。只含有碳氫的稱為烴類，依照碳和碳之間鍵結的數量，又可分為烷類、烯類和炔類：烷類是碳和碳之間只有單鍵連結；烯類為碳碳之間具有雙鍵結構，例如苯乙烯和檸烯（如圖）都有雙鍵結構；炔類則是三鍵連結。有機化合物之間可互相反應，產生新的有機化合物，例如將乙酸加乙醇加熱後能產生乙酸乙酯。小分子的有機物也能聚合成大分子有機物，例如將苯乙烯聚合之後能形成聚苯乙烯。由於有機化合物的生成方式相當多種，因此此類分子遠比無機物分子來得多。

檸烯分子

關鍵字短文

　　〈保麗龍印章〉文章中提到許多重要的字詞，試著列出幾個你認為最重要的關鍵字，並以一小段文字，將這些關鍵字全部串連起來。例如：

關鍵字：1. 保麗龍　2. 聚合　3. 聚苯乙烯　4. EPS 發泡技術　5. 乙酸乙酯

短文：保麗龍是一種輕便的材料，由有機化合物苯乙烯聚合成聚苯乙烯，再經過 EPS 發泡技術製作而成。利用去光水中的有機溶劑——丙酮和乙酸乙酯，可以破壞保麗龍的結構，溶解聚苯乙烯。保麗龍一旦可溶解，就能用來雕刻屬於自己的印章。

關鍵字：1.＿＿＿＿　2.＿＿＿＿　3.＿＿＿＿　4.＿＿＿＿　5.＿＿＿＿

短文：＿＿＿＿＿＿＿＿＿＿＿＿＿＿＿＿＿＿＿＿＿＿＿＿＿＿＿

＿＿＿＿＿＿＿＿＿＿＿＿＿＿＿＿＿＿＿＿＿＿＿＿＿＿＿＿＿＿

＿＿＿＿＿＿＿＿＿＿＿＿＿＿＿＿＿＿＿＿＿＿＿＿＿＿＿＿＿＿

挑戰閱讀王

閱讀完〈創意滿點指南針〉後，請你一起來挑戰以下題組。

答對就能得到👍，奪得 10 個以上，閱讀王就是你！加油！

☆有機化合物的定義是必須含有碳原子。組成生命體中的多種重要物質，例如蛋白質、脂質、醣類和維生素等，分子結構裡都含有碳，因此含碳是有機物的必要條件。不過，這不代表所有含碳的化合物都是有機物，例如岩石中的碳酸鹽類，或空氣中的二氧化碳、一氧化碳等碳的氧化物，以及碳化鎢、碳化鉀等碳化物，雖然都含有碳，但分類上卻屬於無機化合物。碳原子的鍵結數量多，排列組合也非常多，即使原子種類與數量相同，也可能因為排列方式的差異而有不同特性，因此有機化合物的種類比無機化合物來得更多。

（　）1.有機物是含有碳的化合物，但並非含有碳便屬於有機物，下列何者不屬於有機化合物？（答對可得到 1 個👍哦！）

①一氧化碳　②尿素　③維生素　④葡萄糖

（　）2.有機化合物若有相同的原子數量，但排列方式不同，稱為「同分異構物」，兩者具有不同的特性。下列化合物中，何者和乙醇（C_2H_5OH）是同分異構物？（答對可得到 1 個👍哦！）

①丙醇 C_3H_7OH　②丙烷 C_3H_8

③甲醚 CH_3OCH_3　④乙酸 CH_3COOH

（　）3.有機化合物的種類比無機化合物多很多，下列哪個不是原因？（答對可得到 2 個👍哦！）

①碳的鍵結數多

②碳可以和碳連接，也可以和其他原子連接

③有機化合物有鏈狀也有環狀　④以上皆是

☆碳酸鹽是一種含碳的無機化合物，在生活中很常見，例如：自然界中的大理石或貝殼中的碳酸鈣（$CaCO_3$）、孔雀石中的碳酸銅（$Cu_2(OH)_2CO_3$），或是食品添加物中常做為膨鬆劑的碳酸氫鈉（$NaHCO_3$），以及洗滌衣物用的碳酸鈉

（$NaCO_3$），可樂中也含有碳酸。事實上，碳酸鹽普遍存在自然界中，因為二氧化碳微溶於水後會形成碳酸根（CO_3^{2-}），碳酸根再和環境中的金屬結合，就形成了碳酸鹽類。但也因為這個特性，若空氣中過多的二氧化碳溶進大海裡，易導致海水酸化。貝殼雖是由碳酸鈣組成，但逐漸酸化的海水會溶解碳酸鹽，影響水中貝類或珊瑚的生長，因此空氣汙染會間接影響到海洋生態，不得不慎。請根據敘述回答下列問題：

（　）4. 生活中含碳酸根的物質很多，下列物質中何者沒有碳酸的成分？（答對可得到 1 個👍哦！）

①蘇打（碳酸鈉）　②小蘇打（碳酸氫鈉）　③珊瑚礁　④澱粉

（　）5. 生活用品中包括許多含碳酸鹽的物質，下列敘述中何者與碳酸鹽無關？（答對可得到 1 個👍哦！）

①合成蛋白質　②使麵團蓬鬆的發粉

③養顏美容的珍珠粉　④合成珊瑚礁骨骼

（　）6. 碳酸鹽雖然含碳，卻不是有機化合物，下列物質中，何者也屬於含碳的無機化合物？（答對可得到 2 個👍哦！）

①酒精 C_2H_5OH　②碳化鈣 CaC_2

③碳水化合物（醣類）　④胺基酸

☆聚合物是由一種或數種單體（小分子）有機化合物，經過聚合反應而生成的大分子，又稱為高分子聚合物。聚合物可分為天然與人工兩類，天然高分子聚合物包含：自然界中的蛋白質、澱粉、纖維素……等等。蛋白質由胺基酸的單體聚合而成，澱粉和纖維素由單醣（如葡萄糖、果糖）聚合而成，它們大多可被自然界中的微生物分解。人工的高分子聚合物經常用於工業及民生用品，常見的如：聚乙烯、聚丙烯、聚氯乙烯，以及樹脂等，通常統稱為塑膠。它們雖然用途很多，也很便利，但通常難以被微生物分解，容易長期存在自然界，成為垃圾，造成環境汙染問題。

（　）7. 聚合物通常是指分子量超過一萬以上的大型分子化合物，下列何者不屬於聚合物？（答對可得到 1 個👍哦！）

①蛋白質　②葡萄糖　③澱粉　④塑膠

（　　）8.下列何者是人工聚合物？（答對可得到 1 個👍哦！）

　　　①澱粉　②纖維素　③蛋白質　④保麗龍

（　　）9.關於聚合物的敘述，下列何者錯誤？（答對可得到 1 個👍哦！）

　　　①聚合物是由許多小分子聚合而成　②有些聚合物可被自然界分解

　　　③聚合物都會造成環境汙染　④聚合物屬於有機化合物

延伸知識

塑膠製品：通常都是人造的有機聚合物，在自然界不易被
生物降解，但可透過人工方式溶解再製，重複回收利用。
但並非所有塑膠都能回收再利用，因為塑膠的類型還根據
分子結構，分為容易加熱分解的熱塑性塑膠，和加熱後不
易變形的熱固性塑膠（分子結構如圖）。

熱塑性塑膠的分子結構為鏈狀，容易分解，也容易回收再
製，例如生活中的寶特瓶、保麗龍等。熱固性塑膠則是網
狀結構分子，特別耐熱，遇高溫也不軟化、不熔化且不變
形，但也不容易回收，因此容易造成環境汙染，例如：環

氧塑脂、輪胎、尿素甲醛塑脂，這類塑膠通常做為建材使用，防火性極佳，但也是
造成環境汙染的隱憂。如何合理適量的使用塑膠，或未來能否開發環保的耐高溫材
質，都是人類應該努力的方向。

延伸思考

1.熱塑性的聚合物，如保麗龍，可被溶解再製，例如丙酮與乙酸乙酯或檸烯都可溶
　解保麗龍。請查一查資料，還有沒有其他物質或溶劑，也能夠溶解保麗龍呢？溶
　解後的材料，有辦法再製成保麗龍嗎？

2.生活中大部分的塑膠物品都標記有回收標誌，由箭頭和數字組成，請查查看各種
　回收標誌代表什麼意思？

3.有回收標誌的塑膠真的能回收嗎？查查看，臺灣有沒有廠商在回收塑膠呢？

圖片來源：Shutterstock

解答

水也「來硬的」？
1.①③　2.①　3.①　4.②　5.②　6.②　7.④　8.①　9.①②　10.①

酷炫蛇板的奧祕
1.①　2.②　3.②　4.④　5. 重力位能轉換為動能　6. 29m　7.③

今天鎂不鎂？
1.②　2.③　3.④　4.②④　5.②④　6.①　7.①④　8.④　9.②　10.③

在哪裡？在哪裡？隱形科技！
1.③　2.①②　3.④　4.②　5.②④　6.④　7.②　8.③　9.①④　10.③④

鐵定很重要
1.③④　2.②　3.③　4.④　5.③　6.①　7.④　8.②　9.①②　10.②

磁力砲彈發射！
1.②　2.①　3.④　4.②　5.①　6.③　7.③　8.④　9.①

創意滿點指南針
1.①　2.③　3.②　4.①　5.①　6.②　7.③　8.③　9.④　10.③

保麗龍印章
1.①　2.③　3.④　4.④　5.①　6.②　7.②　8.④　9.③

科學少年學習誌
科學閱讀素養◆理化篇7

編著／科學少年編輯部
封面設計暨美術編輯／趙璦
責任編輯／科學少年編輯部、姚芳慈（特約）
特約行銷企劃／張家綺
科學少年總編輯／陳雅茜

封面圖源／ Shutterstock

發行人／王榮文
出版發行／遠流出版事業股份有限公司
地址／臺北市中山北路一段 11 號 13 樓
電話／ 02-2571-0297　傳真／ 02-2571-0197
郵撥／ 0189456-1
遠流博識網／ www.ylib.com　電子信箱／ ylib@ylib.com
ISBN ／ 978-957-32-9765-9
2023 年 4 月 1 日初版
定價．新臺幣 200 元

國家圖書館出版品預行編目

科學少年學習誌:科學閱讀素養,理化篇7/科學
少年編輯部編著. -- 初版. -- 臺北市 : 遠流出版
事業股份有限公司, 2023.04
　面；21×28公分.
　ISBN 978-957-32-9765-9（平裝）
1.科學 2.青少年讀物
308　　　　　　　　　　111014163

★本書為《科學閱讀素養理化篇：磁力砲彈發射！》更新改版，部分內容重複。